干旱区春小麦
垄作沟灌技术

张新民　王文娟　金建新　孙克翠　张吉孝　梁川　著

中国水利水电出版社
www.waterpub.com.cn
·北京·

内 容 提 要

　　本书以地面灌溉技术理论为指导，对干旱灌溉农业区春小麦垄作沟灌技术的理论体系进行了研究探索。其内容主要包括：绪论，沟灌水分入渗规律试验观测，垄作沟灌土壤水分运动模拟，垄作沟灌水流运动试验与模拟，春小麦垄作沟灌田间试验研究，垄作沟灌灌水质量评价指标研究，垄作沟灌灌水技术参数优化，沟底覆膜灌水技术试验研究，以及应用与展望。

　　本书可供农业水土工程、水文水资源及相关专业技术人员参考，也可为灌区管理者提供技术指导。

图书在版编目（ＣＩＰ）数据

　　干旱区春小麦垄作沟灌技术 / 张新民等著. -- 北京：中国水利水电出版社，2020.12
　　ISBN 978-7-5170-9346-6

　　Ⅰ．①干… Ⅱ．①张… Ⅲ．①干旱区－春小麦－垄作－沟灌－节水栽培 Ⅳ．①S512.1

　　中国版本图书馆CIP数据核字(2021)第116236号

书　　　名	**干旱区春小麦垄作沟灌技术** GANHAN QU CHUN XIAOMAI LONGZUO GOUGUAN JISHU
作　　　者	张新民　王文娟　金建新　孙克翠　张吉孝　梁川　著
出 版 发 行	中国水利水电出版社 （北京市海淀区玉渊潭南路 1 号 D 座　100038） 网址：www. waterpub. com. cn E - mail：sales@waterpub. com. cn 电话：(010) 68367658（营销中心）
经　　　售	北京科水图书销售中心（零售） 电话：(010) 88383994、63202643、68545874 全国各地新华书店和相关出版物销售网点
排　　　版	中国水利水电出版社微机排版中心
印　　　刷	北京中献拓方科技发展有限公司
规　　　格	170mm×240mm　16 开本　10.25 印张　178 千字
版　　　次	2020 年 12 月第 1 版　2020 年 12 月第 1 次印刷
定　　　价	**65.00 元**

前　言

中国春小麦播种面积约 190 万 hm^2，占全国小麦播种面积的 12% 以上。目前，春小麦种植以传统平作方式为主，灌水采用畦灌方式，水资源使用效率低，节水潜力巨大。现代节水灌溉技术中滴灌由于灌水时局部湿润土壤，不适应于春小麦等密植作物，喷灌技术由于在干燥多风气候下蒸发飘移损失大，在干旱地区应用中节水效果不显著。因此，探求干旱区春小麦高效节水灌溉技术，对于缓解区域水资源供需矛盾，发展现代节水农业意义重大。

垄作是在耕作形成的垄面或垄沟内种植作物的一种耕作方式，是通过改变地表微地形，减少耕种面积，协调水、肥、气、热关系，促进作物生长，降低耕作对农田环境影响的一种保护性耕作措施，具有节水、抗病、增产、低耗、高效的特点。因而，成为发展可持续农业的有效途径，有着非常广阔的发展前景。近年来，垄作栽培技术已由原来雨量稀少而多暴雨的半干旱地区扩大到热带草原，由中耕作物（块根、块茎和高秆谷类作物）扩大到麦类作物，由旱地农业扩展到灌溉农业。目前美国约有 50% 的耕地采用以起垄、覆盖、少（免）耕为特点的保护性耕作，墨西哥 50% 的小麦产区实行了垄作栽培，95% 的农民利用垄作栽培体系种植水稻和其他作物，大大地提高了水分利用效率和 N 的利用率。

中国的垄作栽培有着悠久的历史，最早始于西周时期，到明清时期达到成熟阶段，并一直延续到现在。古代的劳动人民一直把垄作当作防旱抗涝、加厚耕层的手段，在农业增产上发挥了重要作用。20世纪80年代以来，我国陆续开展了水稻、玉米、油菜、大豆、棉花、花生等作物垄作栽培技术研究，取得良好生产实践效果。在西北、山东等井灌区大面积将垄作技术与节水灌溉技术（沟灌）结合，形成节水和作物高产典型技术模式，生产示范效果非常明显。20世纪90年代末，为了改变传统小麦栽培中的水资源浪费和利用率低下的状况，在一定程度上解决小麦栽培所造成的农业生态环境恶化和对土地生产力的不良影响，为农业生产走可持续发展之路探索一个新的发展方向，山东省农业科学院与国际玉米小麦改良中心（CLM-MYT）于1998年开始了冬小麦垄作高效栽培技术的合作研究，由于该技术具有低成本、低污染、高产出的优点，因而被国际小麦专家称为第二次绿色革命。2001年，山东省农业科学院和有关机械生产厂家研制成功小麦垄作播种机，为小麦垄作栽培技术的大面积推广应用创造了条件。

垄作沟灌技术在甘肃省张掖市等干旱区春小麦种植中也有推广，但由于缺乏对灌溉水入渗规律尤其是向垄体侧渗规律，土壤水分运移规律，春小麦垄作沟灌条件下的水、肥、气、热关系等的研究，未形成合理的灌水质量评价指标体系与灌水技术参数优化方法，使得该项技术推广缺乏必要的理论依据与技术支撑。为此，我们开展了国家自然基金项目"干旱区春小麦垄作沟灌技术参数研究"（项目编号：51169002）、甘肃省水利技术推广项目"春小麦垄作沟灌灌溉制度与沟底覆膜灌溉技术研究"（项目编号：2018－46）等试验研究工作，旨在揭示干旱区春小麦垄作沟灌条件下土壤水分运移规律及灌溉水入渗规律、春小麦垄作沟灌灌水质量评价指标与方法、春小麦垄作沟灌技术垄沟参数与灌水技术参数设计方法等科学问题，建立起小麦垄作沟灌技术理论体系，为干旱区春小麦垄作沟灌生产实践提供技术指导，推动该项技术的推广应用与发展，研究成果2019年获甘肃省科技进步三等奖。本书是我们近些年的研究成果的总结，共包括如下五个方面内容：

（1）春小麦垄作沟灌入渗规律。总结了在甘肃省民勤地区试验研究区土壤水分运动参数（扩散率、土壤水分特征曲线）测定成果，建立春小麦垄作沟灌二维土壤水分运动计算模型，利用现场试验与计算机模拟相结合的方法，研究不同耕作技术参数（沟深、沟宽、垄坡、垄宽）情况下土壤水分动态，分析沟垄参数对灌溉水入渗及灌水质量的影响。

（2）春小麦垄作沟灌水流运动。研究垄作沟灌水流推进与消退过程，建立水流运动模拟模型，模拟不同垄沟参数与灌水参数情况下的水流运动与入渗动态，研究灌溉入渗的空间分布规律。

（3）春小麦垄作沟灌灌水质量评价指标体系。研究垄作沟灌春小麦水、肥、气、热环境影响，以丰产、节水为目标选择灌水质量评价指标，提出指标计算方法，建立评价指标体系。

（4）干旱区小麦垄作沟灌灌水技术参数优化。采用建立的灌水质量评价指标体系，以提高灌水质量为目标，建立优化模型，研究垄沟参数（沟深、沟宽、垄坡、垄宽）、灌水技术参数（沟长、沟坡、入沟流量）之间的优化组合，开展石羊河流域实例研究，验证灌水质量评价指标及灌水技术参数。

（5）提出并研究了沟覆膜灌水技术。以入渗规律研究成果为指导，利用沟灌侧向湿润土壤的原理，从降低深层渗漏为出发点，提出了沟覆膜灌水技术，经过两年现场试验研究，证实了该项技术更具节水潜力，在今后配套农机具开发成功的基础上，可作为替代垄作沟灌的先进灌水技术，应用于春小麦等密植作物种植。

本书共分为9章，第1章由王文娟编写，第2章由张新民、张吉孝、孙克翠、王文娟编写，第3章由张新民、张吉孝编写，第4章由金建新、张新民编写，第5章由王文娟编写，第6章由张新民、孙克翠编写，第7章由金建新、张新民编写，第8章由梁川编写，第9章由张新民编写，全书由张新民统稿。

本书的出版得到国家自然基金项目"干旱区春小麦垄作沟灌技术参数研究"（项目编号：51169002）和甘肃省水利技术推广项目"春小麦垄作沟灌灌溉制度与沟底覆膜灌溉技术研究"（项目编号：2018－46）的科研基金资助，在此表示感谢。在本书的出版过程中，得到了甘肃省水土保持科学研究所高雅玉正高级工程师，甘肃省水利科学研究院王以兵、邓建伟、丁林正高级工程师，甘肃省水利科学研究院民勤试验站潘存兵、刘尚青的大力支持，在此表示诚挚的谢意。

由于我们水平有限，书中存在的不妥之处与错误，敬请各位阅读者提出宝贵批评指导意见。

作者

2020 年 8 月

目　录

前言

第1章　绪论 …………………………………………………… 1

1.1　地面灌溉技术的发展历程与趋势 …………………… 1

1.2　地面灌溉技术研究进展 ……………………………… 9

1.3　小麦垄作沟灌技术发展现状 ………………………… 20

1.4　干旱区春小麦垄作沟灌技术研究 …………………… 23

第2章　沟灌水分入渗规律试验观测 …………………… 30

2.1　试验区概况 …………………………………………… 30

2.2　土壤水分运动参数测定 ……………………………… 32

2.3　室内沟灌模型入渗试验 ……………………………… 40

2.4　现场沟灌入渗试验 …………………………………… 48

2.5　沟灌入渗模型建立 …………………………………… 50

第3章　垄作沟灌土壤水分运动模拟 …………………… 58

3.1　垄作沟灌二维土壤水分运动模型 …………………… 58

3.2　模型求解与验证 ……………………………………… 59

3.3　垄作沟灌二维土壤水分运动模拟 …………………… 67

3.4　垄作沟灌垄沟参数优化模拟 ………………………… 72

第4章　垄作沟灌水流运动试验与模拟 ………………… 76

4.1　垄作沟灌水流运动试验观测 ………………………… 76

4.2　水流运动过程分析 …………………………………… 78

4.3　沟灌水流运动数值模拟 ……………………………… 84

第5章　春小麦垄作沟灌田间试验研究 ………………… 93

5.1　试验设计与方法 ……………………………………… 93

5.2　沟灌土壤水分动态 …………………………………… 97

5.3　不同垄沟参数对春小麦生理效应 …………………… 102

第6章　垄作沟灌灌水质量评价指标研究 ·················· 108

　6.1　灌水质量评价指标选取 ························· 109

　6.2　灌水质量评价指标简化计算方法 ················· 112

　6.3　灌水质量评价指标简化计算方法验证 ············· 113

　6.4　灌水质量评价指标实测评价方法 ················· 116

第7章　垄作沟灌灌水技术参数优化 ·················· 119

　7.1　优化模型 ································· 119

　7.2　优化模拟方案 ····························· 120

　7.3　灌水参数优化组合 ························· 124

第8章　沟底覆膜灌水技术试验研究 ·················· 127

　8.1　试验设计 ································· 127

　8.2　土壤水分变化特征 ························· 130

　8.3　不同处理春小麦生长特征 ··················· 132

　8.4　不同处理春小麦产量及耗水 ················· 135

第9章　应用与展望 ····························· 137

　9.1　应用 ···································· 137

　9.2　展望 ···································· 138

参考文献 ·································· 140

第1章 绪 论

1.1 地面灌溉技术的发展历程与趋势

1.1.1 地面灌溉技术的发展历程

我国农田灌溉的发展可以追溯到5000多年以前。距今11000～8000年的火耕农业时期，人们靠天吃饭，农作物天生天养，靠雨水浇灌。新石器时代中期，因原始农业发展的需要，在水田地区，先民们在低洼地利用骨耜、石犁和破土器开沟筑埂，排水辟田，引水灌溉，出现了原始的地面灌溉排水技术。夏、商、西周时期，黄河中下游平原得到较多开发，农地进一步开拓，大禹治水开创的沟洫水利继续发展、完善，逐步形成农田沟洫体系，出现了"遂水""匠人"旱地沟洫工程系统，以及"稻人"水田沟洫工程系统。《周礼》"遂人""考工记·匠人"中记载旱地沟洫大致分为畎、遂、沟、洫、浍五级大小水沟，用于灌溉排水；水地设"潴""防""沟""遂""列""浍"组成一套水田的灌溉排水设施。旱地沟洫以排为主，水田沟洫蓄、引、排相结合。沟洫水利工程是这一阶段农田水利工程的主要类型，表明排灌工程技术比前阶段取得了明显的进步。在此时期兴修的沟洫水利以排水除涝为主，以解决当时低地农业的主要灾害——水害。随着农业的发展，为了战胜旱灾，灌溉技术也逐渐出现。据《诗经》记载，西周时期北方已有稻田灌溉工程和引泉灌溉等方法。

春秋战国至南北朝时期，灌溉技术出现了飞速进步，人们在"辟草莱，拓土地"时，打破了井田的亩积和经界，与沟洫制相互联系的井田制，成为生产力发展的桎梏。公元前221年，中原的灌溉技术开始向西北边区传播和推广。《说苑·反质》中有"卫有五大夫，俱负缶而入井灌韭，终日一区"。"区"，据《史记·货殖列传》"千畦姜韭"之下王逸注："畦，犹区也"，所以"区"可作为"畦"解。故春秋时畦灌技术已经产生。西周时盛行"畎亩法"，一直延续到春秋之时。畎亩法即农田采用垄作结构，

1

沟垄相间，有利于排水。但在干旱时可能会利用畎进行灌溉，春秋时开始重视灌溉，所以利用垄作结构进行沟灌应起始于这一时期。据《诗经·小雅·白桦》记载："滮池北流，浸彼稻田。""浸彼稻田"就是淹灌，淹灌多用于稻田灌溉。故春秋时期，已有畦灌、沟灌和淹灌等地面灌溉技术，战国至南北朝时期，灌溉技术创新之后还出现了淤灌改土、水温调节、遥润和渗灌等特殊技术。

西汉时期，创造了区种法，是一种经济用水、集中施肥和配合深耕的抗旱丰产农作技术，遥润、渗灌皆是为区种而设计的省水抗旱技术。遥润技术实际是沟灌的一种方法。《氾胜之书·瓠》中记载区种瓠时，"旱时须浇之，坑畔周匝小渠子，深四五寸，以水停之，令其遥润，不得坑中下水"。这是在种瓠的坑（小区）周围开挖小沟，深四五寸，注水入沟中，通过"遥润"供给瓠株水分。这种小沟灌水法，既能保持土壤的团粒结构，不使瓠根处土壤板结，影响植株生长，又比大沟灌水节省水量。渗灌技术是灌溉水从地面以下一定深度处浸润土壤的灌水方法。《氾胜之书·瓜》记载了一种埋设瓦瓮进行渗灌的方法，区种瓜时："以三斗瓦瓮埋著科中央，令瓮口上与地平，盛水瓮中，令满。种瓜瓮四面各一子，以瓦盖瓮口。水或减，辄增，常令水满。"就是通过瓦瓮的渗透作用，均衡地供给瓜株水分，这样土壤就不会产生板结现象，避免了水分流失，减少了水分蒸发，节省了灌溉水量。

东汉时期，东南地区地形多为丘陵，丘陵多有开发，丘陵农田易遭干旱，故适于丘陵地形的蓄水坡塘技术开始发展。但是到了明清两朝，作为农田水利灌溉方式之一的井灌，受到人们的进一步重视。这主要是由于地表河流湖泊的变迁和淤塞，各种水渠、陂塘被人为地毁坏，减少了用于灌溉农田的供水来源。我国利用井水灌溉有着悠久的历史。河南地区的水井，最早见于汤阴白营龙山文化早期的地层中，距今已有 4000 多年，该井为木结构的"井"字形方井，深达 11m，叠压的井字形木架共有 46 层之多。此外，在洛阳雄李也出土了同一时期的水井。以后在偃师县二里头郑州二里岗先后出土了商代的土塘水井。早期的水井多为土木结构，其用途首先在于保证人们的生活所用，而后用之于灌溉园圃和农田。到了春秋时期，井灌就有了明确的记载。从凿井技术看，除土木水井外，这一时期开始出现了陶圈井，采用陶圈沉井技术。到了汉代，井水灌田比较普遍，沁阳、洛阳等地发现了用于农田灌溉的水井群。此后，井灌一直成为农田水利灌溉中的一种重要方式，尤其是明清两朝，较之前代更有突出发展。

战国梁惠王十年（公元前 360 年），引黄河水入圃田泽蓄水溉田，种稻改土，肥田增产。这是古代引黄淤灌、种稻改土的最早典范。隋唐宋元时期，引洪淤灌技术发展起来。太湖平原建成塘浦圩田系统，实施了大规模的地面引浊放淤技术，促使地面灌溉技术取得了很大的进步。引黄淤灌最著称为北宋熙宁年间，以王安石为代表的变法运动兴起，制定了"农田水利法"，设置了引黄淤灌专职机构，利用黄河伏汛盛涨、扶带肥水最多之际，以国都开封沿汴河一带为起点，在黄河两岸普遍推行引黄淤灌之法，"灌溉民田，变斥卤而为肥沃"。总之，新法颁布六七年间，全国兴修水利十万多处，以引黄淤灌、治黄改碱为主，共灌田三千多万亩。引黄淤灌后，产量大增，亩产与过去相比增加三倍，收到了良好效果。

明清时期，在我国传统灌溉工程技术继续深入发展的同时，西方近代自然科学工程技术也开始传入我国。虽然在 1840 年鸦片战争之前因闭关自守所起作用不大，但毕竟吹进了新的技术之风。由于政府对灌溉水利的重视和各地发展农业生产的需要，灌溉水利技术有了较大的发展，水利理论认识也提高到一个新的高度。这说明，我国的传统灌溉工程技术，发展到明清时期，已达到全面成熟的历史阶段。1949 年中华人民共和国成立以来，我国传统灌溉工程技术在许多方面得到了继承和发展，同时对流传在民间的传统经验也重视总结，加以改造推广。这些传统水利工程技术的运用推广，为社会经济的发展起了不小的作用。

随着现代科技的发展，传统的地面灌溉技术已得到巨大发展，地面传统灌溉技术一直在改进，其中以精细地面灌溉技术为特征的现代地面节水灌溉技术已得到世界各国的普遍重视。在灌溉技术发展与经济投入水平提高的带动下，改进的地面灌溉新技术得到大面积的应用，而计算机技术在地面灌溉技术中的应用，为改进地面灌溉技术提供了更有力的工具。一些先进的地面灌溉技术在发达国家得到了广泛应用，取得了显著的节水效益。

1.1.2　地面灌溉技术的发展新趋势

近年来，随着种植技术与测控技术的发展，地面灌溉也发展出了不少新的灌水技术，如传统地面灌溉技术与测控技术结合，形成波涌灌溉技术与隔沟灌溉技术，由覆膜条件下畦灌技术而来的膜孔灌、膜上灌技术，由覆膜条件下沟灌技术发展而来的垄覆膜沟灌技术与沟覆膜垄作技术等。

1.1.2.1　波涌灌溉

波涌灌（Surge Irrigation）是 20 世纪 70 年代首次由美国学者 Stringham 和 Keller 提出的一种适合于旱作灌溉的地面灌水新技术，又称间歇灌、涌流灌，利用间歇供水进行灌溉的一种方法。

波涌灌是间歇性地按一定周期向沟、畦中供水的一种节水型灌水技术。其特点是间歇性地向农田供水通过几次放水和停水过程，水流在向下游推进的同时借重力、毛管力作用渗入土壤，因而一个灌水过程包括几个灌水和停水周期，这样田块经过湿—干—湿作用，一方面使湿润处田间土壤入渗能力降低，另一方面使田间水流边界条件发生变化，在表土形成致密层，糙率减小，水流推进速度加快，两方面的综合作用，使波涌灌具有节水、节能、保肥、水流推进速度快、灌水质量高等优点。我国自 20 世纪 90 年代初开始进行这项技术的试验研究，众多学者的研究表明：波涌灌较连续灌水水流推进速度快，灌水质量明显提高，节水效果显著。根据王文焰等在泾惠渠灌区进行的试验，波涌畦灌节水率（波涌灌灌水定额相对连续灌灌水定额的减少率）达 10%～40%，灌水质量明显提高；沟、畦长度较大时波涌灌的节水效果明显，反之则不明显；在一定的沟、畦长度下间歇灌水的次数存在一个临界值，小于此值时，节水效果随间歇灌水次数的增加而增加，大于此值后节水效果则不再增加；田面平整程度对波涌灌的灌水质量有一定的影响。不同的地方应结合各自特点研究波涌灌条件下的土壤入渗特性及地表水流特性，建立波涌灌优化模型的同时研制波涌灌自动开关闸门及浑水条件下的波涌灌溉等问题。

波涌灌溉按时间和流程控制方式可分为以下三种。第一种是定时段-变流程法。这种灌水方法也叫等时间法，即每个灌水周期的放水时间相同，而每个周期水流的推进长度不相同。目前实际应用中大多采用此法。第二种是定流程-变时段法。这种灌水方法也叫等距离法，即每个灌水周期的向前推进的湿润长度相等，而灌水时间并不相等。第三种是增量法。这种灌水方法一般在第一个灌水周期内增大流量使水流快速推进到总畦沟长的位置时停水，再以后的几个放水周期中，按定时段-变流程或定流程-变时段方法以较小流量满足设计灌水定额的要求。

1.1.2.2 隔沟灌溉

隔沟灌溉是在康绍忠院士提出的根系分区交替灌溉理论基础上发展起来的一种控制性沟灌技术。与传统沟灌不同，隔沟交替灌溉不是逐沟灌水，而是隔一沟灌一沟。即每次只灌其中的一半沟，在下一次灌水时，只灌上次没有灌过的沟，实行交替灌溉。每沟的灌水量比正常多 30%～50%，这样每次灌溉可比原来水量减少 25%～35%。该灌溉技术充分考虑作物对土壤水分亏缺的生理反应。作物根系能够感知土壤水分亏缺，不断产生根源信号（脱落酸），并向地上部分传递，对叶片气孔行为进行调控，使其保持最适宜温度。气孔开度由充分供水逐渐过渡到水分亏缺时，作物叶面蒸腾速率迅速下降，而光合作用并未受到显著影响。根据玉米叶片光合作用和蒸腾对水分亏缺敏感程度不同，就可以达到不显著降低光合产物累积而大幅度减少蒸腾耗水的目的。隔沟灌溉时，总有一部分根系处于较大干燥的土壤中，产生缺水信号，使叶片气孔开度减小，无效蒸腾减少，而另外一部分根系处于适宜水分状态，保证叶片水分的正常供应，避免植物缺水引起的伤害。通过对玉米不同区域根系的干湿交替锻炼，还可以提高根系的水分吸收能力和吸收范围，增加根系对水、肥的利用效率。另外，隔沟交替灌溉可以减少田间土壤的湿润面积，降低了株间蒸发损失。

隔沟交替灌溉的先进之处，在于它从植物的生物学角度出发，根据作物对水分亏缺的生理反应进行灌溉，因此不失为一种更科学、更有效的节水灌溉新技术。它不需要增加硬件投入，技术简单，易于农民掌握和操作，而且节水效果显著。甘肃武威春玉米大田试验显示，灌水量减少 1/3，生物量仅减少 8%，而经济产量则接近或超过对照处理，最高产量可达到 12750kg/hm^2，节水效果十分明显。潘英华等通过大量的田间试验，利用隔沟交替灌溉制度，研究了根系分区灌溉对于作物的水分利用效率，以及根系分布的影响，发现隔沟交替灌溉可以利用传统的灌水方式的 66.7% 灌溉水量达到同样的作物产量。

1.1.2.3 覆膜畦灌

（1）膜孔灌。膜孔灌是在地膜覆盖栽培的基础上，利用地膜输水并通过作物孔和专用灌水孔入渗进行灌溉的一种低定额节水灌溉新技术，具有节水、保肥等优点。对于我国现今仍占 95% 灌溉面积的地面灌溉来讲，膜孔灌作为地面灌溉的一种节水新技术，将具有广阔的应用前景。膜孔入渗为充分供水条件下的空间三维入渗，不同于滴灌条件下的非充分供水点源入渗，目前研究较少。根据农业地膜栽培和种植规格，膜孔入渗可以分为三种类型：第一种为作物的行距和株距都较大的膜孔自由入渗；第二种为作物的行距相对株距较大时，在膜孔入渗过程中，仅在行方向的膜孔间发生交汇干扰作用，称为膜孔单向交汇入渗；第三种为作物的行距和株距均较小，在入渗过程中，膜孔受到周围膜孔入渗的干扰作用，称为膜孔多向交汇入渗。膜孔灌技术目前正处于初步研究阶段，需要研究的问题有：膜孔灌技术要素之间的内在关系，这是膜孔灌的理论基础；膜孔灌对土壤物理性质的影响，包括膜孔入渗规律、膜孔灌水分变化规律、溶质运移规律。目前膜孔灌在我国的很多地区已经成为一种普遍采用的地面灌溉方式。实践证明，这种结合了地膜栽培技术与膜孔灌的农业生产模式具有很好的节水、保墒、保肥、提高地表温度、促进农作物生长、抑制杂草生长等多种优点，是一项值得大力推广和应用的地面节水灌溉技术。

（2）膜缝畦灌。覆膜畦灌早期形式是只对种植带覆膜，行间裸露，是一种局部膜孔灌溉方式，节水效果明显低于全膜覆盖膜孔灌，在补充灌溉区应用较多。膜缝畦灌则是在畦田田面上铺两幅地膜，畦田宽度略大于 2 倍的地膜宽度，因此两幅地膜之间留有 2～4cm 的窄缝，水流在膜上流动，通过膜缝和放苗孔向作物供水，畦长以 30～50m 为宜，要求土地平整。

1.1.2.4　覆膜沟灌

根据覆膜完全程度和灌溉水入渗方式分为全膜覆盖沟灌技术、垄膜沟灌技术、垄作沟膜沟灌技术三种。

（1）全覆膜沟灌技术。该技术是将土地平面修成垄沟交替形，用全地膜覆盖垄面和垄沟，将作物种植在垄沟内，按照作物生长期需水规律，将水灌在垄沟内，水通过作物种植孔渗到作物根部，并可最大限度地集蓄自然降雨。该技术由于是全地面覆盖，大大减少了水分的无效蒸发，具有保墒、集雨、节水、增产等效果，适宜于玉米、瓜类及蔬菜种植。该技术是将旱作区全膜双垄集雨沟播技术应用于灌溉农业区发展而来。根据作物种植的部位，可分为沟播和垄作两种情况，沟播时采用作物种植孔进行灌溉；垄作时，需要在沟内打入渗孔。全膜沟播沟灌技术在甘肃省临泽县、甘州区的制种玉米上应用，平均用水 5295m³/hm²，节水 1575m³/hm²，节水率为 23%，平均产量 6462kg/hm²、增产 495kg/hm²，增产率为 8%。

（2）垄膜沟灌技术。该技术是农民传统的种植模式，将地面修整成垄沟后，在作物种植的垄上覆膜，水灌在沟内渗到作物根系，地膜可减少棵间蒸发，土壤中的养分、水分都集中在垄内。一方面垄沟灌溉种植模式可以增加水分的有效性，提高降水的利用效率，同时由于沟内灌水，灌水后垄沟水分运移分布存在差异，形成一种利于作物生长发育的水分调优机制，增加了土壤水分利用效率。起垄覆膜可以促使无效水转化成生产性耗水，提高作物产量，并且减少了田间水分消耗。垄覆盖膜可抑制土壤水分蒸发，减缓了盐分向上运移的趋势，降低表层盐分含量。此外，垄膜沟灌种植模式可以调节土壤剖面的水盐分布，抑制盐分向表层移动，使表层土壤水盐维持在适宜且稳定的水平，防止次生盐渍化。垄膜沟灌模式可以调节表层土壤温度，缩小土层昼夜温差，改善土壤水热环境。在灌溉农业区，该技术适宜的作物主要有马铃薯、玉米、瓜菜等。该技术由于减少了地膜覆盖面积，因此种植的投入减少，但节水效果也相应降低。该技术在甘肃省的肃州区、玉门市、民勤县、凉州区、景泰县的大田玉米上应用，平均用水 $7140m^3/hm^2$、节水 $1695m^3/hm^2$，节水率为 19%，平均产量 $11196kg/hm^2$、增产 $828kg/hm^2$，增产率为 8%。

（3）垄作沟膜沟灌技术。该技术是将地膜平铺于沟中，沟底全部被地膜覆盖，灌溉水从膜上输送到田间的沟灌技术方法。沟膜沟灌技术适于在灌溉水下渗较快的偏砂质土壤上应用，可大幅度减少灌溉水在输送过程中的下渗浪费。该技术由于沟底覆盖，大大减少了灌溉时的深层渗漏，减少无效蒸发，具有保墒、集雨、节水、增产等效果，适宜于玉米、瓜类及蔬菜种植，也适用于小麦等密植作物种植。根据在民勤县春小麦种植试验，小麦平作平均用水 $5295m^3/hm^2$，覆膜沟灌用水 $3000m^3/hm^2$，节水 $2295m^3/hm^2$，节水率为 43.34%，小麦平作平均产量 $6462kg/hm^2$，单方水产出为 $1.22kg/m^3$；覆膜沟灌产量 $6102kg/hm^2$，单方水的产出为 $2.034kg/m^3$，覆膜沟灌单方水的产出率较民勤县春小麦平均单方水产出高 $0.814kg/m^3$。

1.1.2.5 小畦灌溉

将传统畦灌实施"三改"，即长畦改短畦、宽畦改窄畦、大畦改小畦，进行小畦灌溉。其主要优点是灌溉水在田间分布更加均匀，节约灌溉时间，减少灌溉水的流失，促进作物生长健壮，增产节水。由于畦田小，水流比较集中，易于控制水量，水流推进速度快，畦田不同位置持水时间接近，入渗比较均匀，并且能够防止畦田首部的深层渗漏，提高田间水的有效利用率。由于灌水定额小，可防止灌区地下水位上升，预防土壤沼泽化和盐碱化发生。传统的畦灌畦田大而长，要求入畦单宽流量和灌水量大，容易导致严重冲刷土壤，使土壤养分随深层渗漏而损失，小畦灌溉有利于保持土壤结构，保持土壤肥力，促进作物生长，增加产量。

1.1.2.6 长畦分段短灌

由于小畦灌灌水技术需要增加田间输水渠沟和分水、控水装置，畦埂也较多，在实践中推广应用存在一定的难度。从 20 世纪 80 年代初开始，我国北方干旱缺水地区开始采用长畦分段短灌灌水技术，即将一条长畦分成若干个没有横向畦埂的短畦，采用地面纵向输水沟或塑料薄壁软管将灌溉水输送到畦田，然后自上而下依次逐段向短畦内灌水，直至全部短畦灌完为止。长畦分段短灌技术可以实现灌水均匀度、田间灌水储存率和田间灌水有效利用率均大于 80%～85%，且随畦长而增加，与畦长相等的常规畦灌方法比较，可节水 40%～60%；灌溉设施占地少，可以省去 1～2 级田间输水渠沟；该技术可灵活适应地面坡度、糙率和种植作物的变化，可以采用较小的单宽流量，减小土壤冲刷，投资少，节约能源，管理费用低，技术操作简单，易于推广应用。

1.1.2.7 激光平地技术

激光平地技术是地面灌溉发展中里程碑式的平整土地技术，它是利用激光发射装置发射信号然后采用激光接收装置接受信息来确定激光参照面与控制点间的相对距离，随后向控制器发出光电信号指挥液压控制系统，对地铲的升降进行自动调控来进行土地的精平作业。世界上最先进的土地平整技术就是激光平地技术，它具有平地精度高、操作简单等优点。在美国、欧美、日本等发达国家在过去的 20 多年中广泛应用该项技术，解决了大水漫灌、水资源浪费且效率低下的问题，节水达到 50%，增产达到20%，并以此为基础，形成了高效地面灌溉技术。在土耳其、巴基斯坦和埃及等发展中国家近年来也逐渐地开始使用激光平地技术，农业生产成本大大降低，灌溉效率和作物产量均大幅度地提高。近年来，面对节水农业发展中精细地面灌溉技术的农田平整关键环节，我国也高度重视激光平地的推广应用，引进了大量的激光控制平地技术设备，并且取得了较好的效果。随着农业的飞速发展，对于农田的表面平整度要求越来越高，现代化的激光平地技术具有巨大的推广价值和应用前景。

20 世纪 80 年代初国外首次在农田土地平整方面进行激光平地技术的应用，试验研究表明农田激光平地技术不仅可减短灌水历时 75%，更可减少劳动时间 50%。我国 20 世纪 90 年代后期，新疆和内蒙古等省（自治区）在规模较大的农场开始引进激光平地技术和机具，平整效果好、精度高取得了良好的经济效益和社会效益。

1.1.2.8 水平畦田灌溉

水平畦田灌溉技术是建立在激光控制土地精细平整技术应用基础上的一种地面灌溉技术，对畦田实施激光平地时，畦田表面可选择有/无坡度进行平整作业，地面坡度可根据实际情况来设定，保证畦田表面的所有高程在同一平面内。通过激光控制平地作业，在水流推进方向上减小田块坡面上下起伏的不平整程度，消除局部倒坡或反坡，保持田块具有适宜的畦面纵坡，提高水流在田间的平畅推进速度，在垂直水流运动方向的田面上，则通过改善地面平整精度，使之达到水平的无坡度状态，导致水流横向扩散的田面凸凹障碍点消除，有利于水流推进锋面保持较高的均匀一致性，便于水流快速推进到畦尾。国内外试验数据表明，水平畦灌技术具有灌水质量高、灌水技术和劳动要求低等优点，适合种植面积较大、机械化程度较高的平原灌区。田间灌溉水利用率由平均50%提高到80%，灌溉均匀度由0.7左右提高到0.85左右，与其他农业综合技术措施配合后，采用常规机械进行粗平后年可增产20%，采用激光控制进行精平后年可增产30%，作物的水分生产率由1.13kg/m^{3}提高到1.7kg/m^3。

国外的水平畦田灌溉系统中的田面通常为水平状态，灌水时的流量较大，水能在较短的时间内充满田块，均匀地分布在整个土壤表面。水平畦田灌溉技术中对入地流量的要求较高，只有较大的供水流量才能满足入渗水分在田块内均匀分布的要求，我国农田灌溉工程系统的末级进地流量受井灌区农用机井出水量和渠灌区田间输配水设施容量的制约普遍较小，未达到实施这项技术所需达到的流量标准。

1.2 地面灌溉技术研究进展

地面灌溉是将灌溉水通过田间沟渠或管道输入田间，水流在田面上呈连续薄水层或细小水流沿田面流动，灌溉水分主要借助重力作用下渗到土壤中以供给作物吸收利用。由于地面灌溉具有操作简单、运行费用低、投资省、保养维护方便等特点，因此农业灌溉中除水稻外，最主要的灌水方式是畦灌和沟灌等地面灌溉技术。传统的地面灌溉方法存在主要的问题是灌溉均匀度差、田间水有效利用率低，有的地区由于深层渗漏过于严重，导致地下水位升高，造成土壤盐渍化。但实践同样证明，如果地面灌溉技术运用得当，可以有效地提高田间水有效利用系数，减少深层渗漏损失。地面灌溉过程中水流在田面流动和下渗同时进行，两者联系紧密，故地面灌溉的研究包括土壤水分入渗规律和田面水流运动理论两部分内容。土壤水分入渗是降水、地表水、土壤水和地下水相互转化的一个重要环节，与水文转换、土壤侵蚀、农田灌溉和养分迁移等都有密切联系，各国学者都对此进行了大量的研究工作。

畦灌作为地面灌溉的一种，是比较传统的灌水方法。与传统的大水漫灌相比，畦灌具有节约灌溉用水、灌水时间短、灌水均匀性好等特点。目前我国对于畦灌的研究已经比较成熟，主要适用于窄行距密植作物或撒播作物，在我国北方地区有大面积的推广和应用。下面的国内外研究进展综述主要以畦灌技术为主，并结合其他新技术进行分析。

1.2.1　土壤入渗特性研究

1.2.1.1　畦灌入渗影响因素

Helalia（1993）研究认为，土壤质地与稳定入渗率的关系弱于结构因子与稳定入渗率的关系，有效孔隙率对稳定入渗率有非常显著的影响。周国逸和石生新在 1990 年和 1992 年分别研究了土壤入渗与土壤容重、孔隙率大小的关系，研究结果表明土壤容重越大，孔隙率越小，入渗速率也就越小；反之，入渗速率变大。费良军等（2000）研究并建立了膜孔灌入渗参数与土壤物理黏粒含量、入渗面积、初始含水率等多因素的函数关系。马娟娟（2005）通过大量的试验，分析了不同入渗水头对垂直一维入渗参数的影响。大量研究表明土壤入渗能力与土壤质地、结构、有机质含量等因素有关，但其入渗速率随入渗时间的增加而逐渐降低，最终趋于一个常数，即稳定入渗率。

1.2.1.2　畦灌入渗模型

畦灌灌水时水流在田面上形成很薄的水层，沿畦长方向流动，在流动过程中借助重力作用逐渐湿润土壤。从理论上研究畦田灌溉条件下的入渗问题可以了解水分的入渗规律，为其灌水过程中利用模型模拟累计入渗量提供依据。

畦灌属于一维垂直入渗，其入渗本质是非饱和土壤水分运动过程，属于广义渗流理论的研究范畴，其理论基础为法国工程师达西于 1856 年提出的定律。对于一维垂直入渗，达西曾得出如下计算公式：

$$q = \frac{-k\,\mathrm{d}H}{\mathrm{d}z} = \frac{-k\,\mathrm{d}(H_p - z)}{\mathrm{d}z} \tag{1.1}$$

式中：q 为土壤水通量；H 为总水头；H_p 为压力水头；z 为入渗深度；k 为导水率。在非饱和土壤中，H_p 为负值，可用吸力势 ψ 表示，即 $q = \frac{-k\,\mathrm{d}\psi}{\mathrm{d}z} + k$。

进入 20 世纪，国内外学者对土壤入渗的研究更为活跃，先后提出了适应不同情况的入渗计算模型。1911 年提出的 Green - Ampt 方程根据较为简单的土壤物理模型，在假设饱和入渗理论的基础上，经过数学推导得出了一维土壤水分入渗方程：

$$i = K_s [1 + (\theta_s - \theta_0) S_f / I] \tag{1.2}$$

当土壤入渗时间比较短时，也可近似为

$$i = (\theta_s - \theta_0)(\overline{D}/2)^{1/2} t^{1/2} \tag{1.3}$$

式中：i 为入渗率，cm/min；K_s 为饱和导水率，cm/min；θ_s 为饱和含水率，cm^3/cm^3；θ_0 为初始含水率，cm^3/cm^3；S_f 为湿润锋处的土壤水吸力，cm；I 为累计入渗量，cm；$\overline{D}$ 为湿润区有效的土壤水扩散率，cm^2/min。

Green - Ampt 模型假设存在明显的水平湿润锋面，含水率呈阶梯状分布，湿润区含水率为饱和含水率，湿润锋前端为初始含水率。该模型适用于非均质土壤和初始含水率不均一的情况，但需要确定 K_s、S_f 或 $\overline{D}$ 或这几个参数，而 S_f 和 $\overline{D}$ 的确定比较困难。

1931 年，Richards 在达西定律的基础上结合液体运动连续方程 $\frac{\partial \theta}{\partial t} = -\frac{\partial q}{\partial z}$，推求出描述一维垂直非饱和土壤水分运动的基本偏微分方程：

$$\frac{\partial \theta}{\partial t} = \frac{\partial}{\partial z}\left[D(\theta)\frac{\partial \theta}{\partial z}\right] + \frac{\partial K(\theta)}{\partial z} \tag{1.4}$$

式中：θ 为土壤含水率；t 为入渗时间；z 为入渗深度；$K(\theta)$ 为非饱和导水率；$D(\theta)$ 为扩散率；$K(\theta)$ 和 $D(\theta)$ 都为 θ 的函数。

式（1.4）中第一项代表水分入渗时吸力梯度的影响，第二项代表重力的作用。式（1.4）为入渗理论的基本表达式，可通过数值分析法求解。

1932 年，Kostiakov 提出了一个较为简便的计算土壤累计入渗量的公式，即

$$Z = Kt^\alpha \tag{1.5}$$

式中：Z 为累计入渗量，cm；t 为入渗时间，min；K 为入渗系数，cm/min^α，K 的物理意义为第一个单位时间末的入渗量；α 为土壤入渗速率的衰减情况，其大小与土壤性质和初始含水率有关，α 的取值一般为 $0.3 \sim 0.8$。

式（1.5）为经验公式，应用简单方便。在入渗时间确定的情况下，拟合结果比较准确；当时间趋向无穷大时，Kostiakov 模型计算结果与实际情况差距较大，故对其进行完善得到修正 Kostiakov 模型，即

$$Z = Kt^\alpha + f_0 t \tag{1.6}$$

式中：f_0 为稳定入渗率，cm^2/min；其余符号意义同前。

1940 年，Horton 提出在物理概念基础上建立的入渗模型：

$$i = i_f + (i_0 - i_f)e^{-\beta t} \tag{1.7}$$

式中：i_f 为稳定入渗率，cm/min；i_0 为初始入渗率，cm/min；β 为经验常数，决定着 i 从 i_0 减小到 i_f 的速度。

Horton 模型是在渗透过程中的物理概念上建立起来的经验公式，使用较为方便，目前在许多试验中仍有应用。

1957 年，Philip 对 Richards 方程进行了系统研究，提出了方程的解析解。对于垂直入渗的累计入渗量可以表示为

$$I(t) = \int_{\theta_0}^{\theta_s} z(\theta, t)d\theta + K(\theta_0)t \tag{1.8}$$

式中：z 坐标向下为正；$K(\theta_0)$ 为土壤初始含水率对应的导水率。

将 $z(\theta, t)$ 表示为级数形式并代入式（1.8）有

$$I(t) = \int_{\theta_0}^{\theta_s} [\eta_1(\theta)t^{1/2} + \eta_2(\theta)t + \eta_3(\theta)t^{3/2} + \cdots]d\theta + K(\theta_0)t \tag{1.9}$$

近似取前两项，可以表示为

$$I(t) = At^{1/2} + i_f t \tag{1.10}$$

则入渗率为

$$i = 0.5At^{-0.5} + i_f \tag{1.11}$$

式中：A 为吸渗率；i_f 为稳定入渗率，入渗初期 A 起主导作用，随着入渗时间的增长，i_f 则是影响入渗的主要参数。

式（1.10）和式（1.11）即为 Philip 入渗模型。Philip 入渗模型有明确的物理意义，适用于均质土壤的垂直一维入渗情况，对短历时入渗比较精确，对长历时入渗精度较低。

1958 年，方正三在 Kostiakov 公式的基础上，对大量野外实测资料进行分析，提出一维垂直入渗计算公式，即

$$k_t = k + k_1/t^a \tag{1.12}$$

式中：k、k_1、a 为与土壤质地、含水率及降雨强度有关的参数。

1961 年，Holtan 提出表示入渗率与表层土壤蓄水量之间关系的入渗公式：

$$i = i_f + \alpha(W - I)^n \tag{1.13}$$

式中：i_f、α、n 为与土壤及作物种植条件有关的经验参数；W 为开始入渗时厚度为 d 的表层土壤容许蓄水量。

Holtan 模型描述了入渗率与表层土壤蓄水量的关系，适合 $I \leqslant W$ 的情况，但表层土壤厚度 d 较难确定。该模型适合用来估算一个流域的降雨入渗。

1972 年，Smith 对不同质地土壤的大量降雨入渗进行模拟，提出了一种与土壤质地、土壤初始含水率、降雨强度有关的入渗计算模型：

$$i = R, \quad t \leqslant t_p \tag{1.14}$$

$$i = i_f + A(t - t_0)^{-\alpha}, \quad t > t_p \tag{1.15}$$

式中：R 为降雨强度，mm；i_f、A、α、t_0 为与土壤质地、初始含水率及降雨强度有关的参数；t_p 为开始积水时间，min。

Smith 模型描述了实际降雨情况下的入渗特性，但参数较多。

1986 年，蒋定生在分析 Kostiakov 和 Horton 入渗公式的基础上，结合黄土高原大量的野外试验资料，提出了黄土高原土壤积水条件下的入渗公式：

$$i = i_f + (i_1 - i_f)t^{-\alpha} \tag{1.16}$$

式中：i_f 为稳定入渗率，cm/min；i_1 为第一分钟末的入渗率，cm/min；α 为经验参数，对黄土高原土壤，α 最小值为 0.683，最大值为 2.567。

蒋定生模型是在黄土高原积水入渗条件下提出的，并且发现 i_1 与表层容重 d_1 和初始含水率 θ 关系密切，i_f 与底层容重 d_2 和水稳性团粒含量 m 关系密切，且关系式为

$$i_1 = 97.63 - 68.63d_1 + 0.3, i_f = 6.41 - 5.44d_2 + 0.15m \tag{1.17}$$

该模型有比较明确的物理意义，使用较方便。

1.2.2 灌水技术要素研究

畦灌技术要素的研究主要包括畦田规格和布置、单宽入畦流量以及田间糙率和改口成数等。其中，畦田的规格（包括畦长、畦宽以及畦埂的高度）等主要受畦田平整度、畦田坡度以及土壤质地和供水情况等的影响，而单宽入畦流量则主要与畦面坡度和土壤的入渗性能有关。

自 20 世纪以来，国内外学者对畦灌技术要素做了大量的研究。Holzapfel 等（2010）通过试验研究了畦长、入畦流量等因子与灌溉水利用率以及灌水分布均匀性之间的关系，试验结果表明，随着畦长的增加灌溉水利用率和灌水分布均匀性降低，而增大入畦流量和延长关口时间则有助于灌溉水利用率的提高。Oyonarte 等（2014）认为在地面灌溉中，糙率系数作为一个基本的灌溉技术参数，会对灌水质量产生影响，糙率系数是地面灌溉设计中不可忽略的因素。Santors（1996）考虑了改口成数和入畦流量这两个灌水技术参数，给出了灌水均匀度最优时的灌水参数组合。国外学者Schwankl 等（2000）利用零惯量模型研究入渗、几何参数以及糙率等参

数，对灌水均匀度等灌水质量进行评估。

王维汉等（2009）认为糙率的难确定性和复杂性使得很难对其进行研究，并分析了 26 条畦田的田间糙率变化规律对灌水效果的影响，结果表明，对裸地畦田而言，其平均糙率在 0.38 左右。与实际糙率相比，平均糙率下灌水效率相对误差为 6.48％左右，而灌水均匀度相差却达到了 66.67％。地面灌溉中，停止灌溉时灌溉水流推进的距离与畦田总长度的比值称为改口成数，除了糙率系数，改口成数也会对地面灌溉管理和设计产生影响。同时，改口成数能对灌水均匀性产生影响，且影响程度较灌水效率大。白美健等（2016）对不同入畦流量、平整精度、畦长和坡度的 106176 个灌溉事件进行了分析，以寻求最优的畦灌关口时间，研究结果表明，对长度大于 70m 的畦田，当田面坡度小于 1‰时，改口成数最优取值为 0.8～1.0；当田面坡度大于 1‰时，改口成数最优取值为 0.75～0.95。朱艳等（2009）、章少辉等（2007）认为对长度小于 70m 的畦田，改口成数不应小于 1.0。此外，还有不少学者从土壤入渗参数出发对地面灌溉水效果进行分析。缴锡云等（2013）则针对地面灌溉水流波动大、灌溉质量低等问题基于田口设计理论，探究畦田灌水技术参数的设计方法。不少学者都对影响地面灌水质量的灌溉技术参数进行了分析，得到了各自的结论，使地面灌溉技术研究日渐成熟。

除了大田试验外，国内外学者也积极研究开发地面灌溉水流运动模拟和畦田优化设计软件。最早的分析模拟软件是 SRFR 软件，它是基于最初的 MS-DOS 操作系统而运行的。后来随着技术的发展，由美国农业部灌溉研究中心研制开发的 WinSRFR 软件逐步成为应用最为广泛的地面水流推进模型软件（Bautista，2009）。该软件综合考虑了田间糙率、田面坡度、入畦流量、改口成数以及畦长和畦宽等灌水技术参数，用于分析模拟灌溉水流推进情况以及土壤水分的入渗情况。聂卫波等（2009）利用 WinSRFR 软件模拟地面灌溉灌水质量，通过模拟值与实测值的对比，WinSRFR 软件在模拟沟灌和畦灌灌水效果方面是可靠的。此外，基于 WinSRFR 软件的可靠性，雷国庆等（2016）在综合考虑畦长、单宽流量和灌水时间等灌水技术参数情况下用该软件分析不同畦灌参数组合下灌水效果变化情况，得出利用模糊优化方法求得的最优灌水技术参数对改善畦田灌水效果作用明显的结论。白寅祯等（2016）利用 WinSRFR 软件的系统设计模块对内蒙古河套灌区畦田的规格进行优化设计，并依据灌水技术参数划定出了灌水质量高且能够满足灌水要求的优化区间，进而提出了最优的畦田设计规划。蔡焕杰等（2016）则通过 WinSRFR 软件利用玉米小麦轮作区农田土壤水分入渗有关参数和资料反推灌水过程中灌溉水流推进和消退情况，与实测数据对比结果表明，模拟数据与实测数据决定系数达到 0.7，模拟效果较好。李佳宝等（2014）也用 WinSRFR 软件优化求解畦田中有关入渗参数，模拟了灌溉水流运动特性，得到了相似的结论。以上学者利用 WinSRFR 软件从不同的角度对畦灌灌水过程进行了模拟和畦田设计，得到了很好的效果，说明该软件对解决地面灌溉水流推进与消退问题已经相当成熟

1.2.3 地面灌溉地表水流运动模型研究

影响地面灌溉水流运动的因素很多，而且各因素间的关系复杂，因此要进行全面的灌水试验，其工作量很大，这就有必要采用理论分析方法，应用数学模型计算田面水流的运动过程，便于多种灌水方案的分析比较，为选取合理的灌水技术参数提供有效的技术手段。从水力学角度分析，地面灌溉的田间水流运动是透水底板上的明渠非恒定流，但灌水时沿田块长度方向上的水流状况变化缓慢，故可近似用明渠恒定流运动理论，并考虑土壤入渗因素进行模拟研究。国内外对地面灌溉水流运动数学模型研究始于 20 世纪初，但研究工作进展缓慢。进入 20 世纪 60 年代后期，由于计算机应用迅速普及，地面灌溉水流运动数学模型的研究出现了新的突破和快速发展。目前模拟田间水流运动过程的数学模型主要有以下 4 种。

1.2.3.1 水量平衡模型

水量平衡模型是在假定田面积水深度不变且不计蒸发损失的情况下，根据质量守恒原理，认为进入田块的总水量等于入渗水量与表层积水量之和。1938 年 Lewis 和 Milne 首先应用水量平衡方程模拟畦灌的水流推进过程，即

$$qt = \int_0^l y\,\mathrm{d}x + \int_0^l Z\,\mathrm{d}x \tag{1.18}$$

式中：q 为进入田块单位宽度流量，$\mathrm{L/(s \cdot m)}$；t 为灌水时间，s；x 为任意时刻水流前锋距田块首端的距离，m；y 为田面水流推进长度内任意一点距首端 x 处的地面水深，m；Z 为 t 时段内任意一点 x 处的入渗水层深度，m；l 为停止灌水时的水流推进长度，m。

但由于模型重点在确定 $\int_0^l y\,\mathrm{d}x$ 和 $\int_0^l Z\,\mathrm{d}x$ 这两项积分值，其影响因素较

多，需对某些条件进行假定和简化处理。

1987 年，Levien 和 Souza 采用水量平衡模型对沟灌水流运动过程进行了模拟，并且对公式进行变化得

$$qt = \sigma_h yx + \sigma_z Z_0 x \tag{1.19}$$

式中：Z_0 为田块首部累计入渗量；σ_h 为地表水形状系数；σ_z 为地下储水形状系数。

但这些参数合理取值较为困难。对于 σ_h 的取值，Alazba 等（1997）建议在 0.7～0.9 之间取值，缴锡云等分析 σ_h 在 0.7～0.8 之间取值对计算累计入渗量的影响，结果表明其影响不大。Maheshwari（1990）、张新民（2005）建议取其均值 0.75，Valiantzas（2000）、Kanya 等（2006）建议取 0.77，并采用该方程反推入渗参数，其计算结果较好。Fok 等（1965）在假定地表水流推进过程符合幂函数规律、土壤入渗符合 Kostiakov 模型基础上，推导得出 σ_z 的计算式为

$$\sigma_z = \frac{\alpha + \gamma(1-\alpha) + 1}{(1+\alpha)(1+\gamma)} \tag{1.20}$$

式中：α 为 Kostiakov 公式中的参数；γ 为地表水流推进过程幂函数表达式 $x = pt^\gamma$ 中的经验参数。

若田块较短时，用 Hall 提出的方法，假定推进距离 x 与时间 t 呈直线关系（即 $\gamma = 1$），则 $\sigma_z = 1/(1+\alpha)$，若畦田较长时，γ 的变化对 σ_z 有一定影响，正是如此造成问题的复杂化，故许多学者研究如何反推迭代推求 γ、σ_z 的问题，但仔细分析 γ 的变化对 σ_z 是否有较大影响，若影响较小，则可简化研究。若这些参数取值合理，则可提高该模型的计算精度。

水量平衡模型原理简单，计算方便，但其计算结果与实际比较精度不高，该模型计算结果可以满足对精度要求不高的地面灌溉灌水技术指标确定的需要。如能对式中的参数进行合理的取值，可提高模型的精度并得出模型的解析解。

1.2.3.2 完全水动力学模型

完全水动力学模型是基于质量守恒和动量守恒的基本思想，反映了灌水田块内水流的流速 v、水深 H（流量 q）及截面面积 A 之间的水力关系，其关系满足圣·维南方程，即

$$\frac{\partial A}{\partial t} + \frac{\partial q}{\partial x} + \frac{\partial Z}{\partial t} = 0 \tag{1.21}$$

$$\frac{v\partial v}{gA\partial x} + \frac{v\partial q}{gA\partial x} + \frac{v\partial A}{g\partial t} + \frac{\partial v}{g\partial t} + \frac{\partial y}{\partial x} = S_0 - S_f \tag{1.22}$$

其中
$$S_f = \frac{q^2 n^2}{A^2 R^{4/3}}$$

式中：v 为断面平均流速，m/s；g 为重力加速度，m/s^2；y 为任意 t 时刻的田面水流水深；S_0 为田面纵坡；A 为田面过水断面面积，m^2；S_f 为水流阻力坡降；n 为曼宁糙率；R 为水力半径；其余符号意义同前。

最初人们在处理灌溉推进过程时，对下游边界条件做了不同假定，得到圣·维南方程的简化形式，以减少数值模拟的复杂性。完全水动力学模型的解决最早是 1965 年由 Kruger 针对畦灌问题提出的。1968 年 Walker 采用完全水动力学模型研究沟灌水流运动，并用特征线法数值求解上述方程组，但由于在水流前锋附近计算不稳定，模拟结果不够理想。Bassett（1972），Bassett 等（1976）也作了这方面的研究，但在这些研究中只考虑了空间的变化，而没有考虑时间变化对水流运动的影响。1984 年 Strelkoff 采用完全水动力学模型研究沟灌水流运动，并研究了此方法的简化解析法及其无量纲查算表。Singh 等（1996）应用完全水动力学模型研究了畦灌。在国内刘钰（1986）用完全水动力学模拟了畦灌水流运动规律，得出了进水距离和退水距离与时间的变化关系曲线，与田间试验对比，其模拟精度较高。刘才良（1993）把完全水动力学模型应用到成层土上畦灌数值模拟研究当中，并在山东省陈咳引黄灌区粉质壤土畦灌试验中，发现该模型计算结果与实测资料吻合较好，认为可在此研究基础上确定山东省陈咳引黄灌区畦灌灌水技术参数的合理组合。完全水动力学模型具有理论完善、实用性强，数值计算稳定，精度高等优点。但该模型求解过程复杂，目前对完全水动力学模型的研究较少，其常作为零惯性量计算模型的来源。

1.2.3.3 零惯性量模型

1977 年 Strelkoff 和 Katapodes 在前人的研究基础上，针对畦灌对完全水动力学模型进行了改进和简化，忽略加速度项得到零惯性量模型，1981 年 Souza 证明该模型虽经过简化，但在研究畦灌和沟灌一般情况下的水流运动过程均可适用，即

$$\frac{\partial A}{\partial t} + \frac{\partial Q}{\partial x} + \frac{\partial Z}{\partial z} = 0 \tag{1.23}$$

$$\frac{\partial y}{\partial x} = S_0 - S_f \tag{1.24}$$

式中：Q 为任意 t 时刻进入田块水流流量，m^3/s；其余符号意义同前。

零惯量模型的求解方法可分为数值法和解析法两类，Hall（1956）、

Bassett（1976）、Strelkoff 等（1977）均采用数值法，其模拟水流运动过程的结果都较为满意。Fok（1965）、Sherman 等（1982）、Wallender 等（1984）、Fariborz Abbasi（2003）研究假定了地面入渗率为一常数或者取一平均值的条件下的模型解析解法。Schmitz（1989）研究了入渗率不为常数时水平畦灌时该模型的解析法。Schmitz（1990）研究了入渗率不为常数的有坡畦灌条件下该模型的解析法，均通过实际畦田验证，其误差低于 6%。Elliott 等（1982）利用此法研究了沟灌水流推进过程无量纲查算图。目前这种方法被广泛应用于地面畦灌和沟灌水流运动的数值模拟中。Oweis（1983）提出了一个既能模拟连续流沟灌过程，同时又能模拟波涌沟灌水流运动过程的线性零惯量模型。国内对于零惯量模型的应用研究开展较晚，林性粹和郭相平等将其用于阶式水平畦灌研究中。汪志荣（1996）、费良军（1999）将模型用于波涌灌溉研究中，利用波涌灌资料推求土壤入渗参数和减渗率系数。王文焰（1999）、吴军虎将该模型用于对膜孔灌的研究。目前零惯性量模型的研究比较成熟，该模型与完全水动力学模型相比，其计算过程大为简化，占机时间少，计算精度高等优点，具有广泛的应用前景；该模型适用条件为田面坡度较小，进入田间水流的加速度较小时的地面水流运动模拟。

1.2.3.4 运动波模型

运动波模型是研究长距离河流洪水运动的预报问题时首先提出的，该模型是基于连续原理和均匀流假定基础上建立的，经修正后首先用于畦灌水流运动，方程基本形式是将圣·维南方程组中的能量方程用均匀流方程代替，其模型表达式为

$$\frac{\partial A}{\partial t} + \frac{\partial Q}{\partial x} + \frac{\partial Z}{\partial t} = 0 \tag{1.25}$$

$$Q = \alpha A^{m+1} \tag{1.26}$$

式中：$\alpha = (\rho_1 S_0 / n)^{0.5}$；$m + 1 = \rho_2 / 2$；$\rho_1$、$\rho_2$ 为经验参数；其余符号意义同前。

Chen（1970）首先将此法应用于地面灌溉水力学问题的研究中。Smith（1972）在研究畦灌灌水过程时也采用了此模型。后来人们的研究主要是针对此模型探讨其不同问题的求解方法。Lzuno 等（1984）将运动波模型用于模拟波涌灌，取得了较好的结果。Rayej 和 Wallender（1988）将原方程改写为差分形式，用差分法求解该模型。路京选（1989）利用一阶拉格朗日积分法对自由排水沟尾的沟灌运动波模型进行了数值计算。Shayya（1993）用有限元法求解该模型，结果较为满意。Reddy 和

Singh（1994）将该模型与零惯量模型进行了对比分析，发现两者具有较好的一致性，且均与田间试验结果吻合较好。汪志荣等（1996）应用运动波模型模拟波涌沟灌的地表水流运动，其模拟结果较为满意。运动波模型具有精度高、计算简便、操作快捷等优点，且在水流推进前锋处不涉及水流剖面形状，故而该模型应用范围较广。该模型适用于当灌溉的田面呈水平或近于水平状态，且畦尾无挡水边界、水流可以自由出流的地面灌溉水流运动规律的数值模拟，其他情况下模拟精度较差。

以上这 4 种模型都是在水流连续原理和动量守恒原理基础上逐步简化而来的。其中零惯量、运动波和完全水动力学模型均能很成功地模拟沟、畦灌水流运动，水量平衡模型只要各参数取值合理，模拟效果也较为满意。完全水动力学模型在理论上最完善，模拟精度最高，但其模型计算复杂，实际中应用较少；零惯量模型和运动波模型形式简单，模拟精度高，但其有各自的使用条件，且计算过程仍较为复杂，使其应用受到限制；水量平衡模型计算简单，只要各参数取值合理，其模拟结果与其他三种模型比较精度稍差，但可满足对精度要求不高的地面灌溉灌水技术指标确定的需要。

1.2.4　地面灌溉优化模型研究

研究地面灌溉水流运动规律的最终目的是确定合理的地面灌溉技术参数，优化灌水技术要素组合，保证地面灌水的质量。所以地面灌水质量评价指标的选取是否合适，是一重要问题。同时即使选定地面灌水质量评价指标后，其指标值定为多大，才能保证较好的灌水质量，这些都有待进一步深入研究的问题。

多年来，国内外众多学者曾提出了多个分析评价农田灌水方法、灌水技术的田间灌水质量指标。其中，目前最常用的有以下 3 个经典指标：

（1）灌水效率 E_a。灌后储存在计划湿润层中的水量占总灌水量的比值。

$$E_a = \frac{W_s}{W_f} \tag{1.27}$$

式中：W_s 为灌后储存于土壤计划湿润层中的水量；W_f 为灌入田间的总水量。

（2）储水效率 E_s。灌后储存在计划湿润层中的水量与灌前需水量的比值。

$$E_s = \frac{W_s}{W_n} \tag{1.28}$$

式中：W_n 为灌前土壤计划湿润层中所需的水量。

（3）灌水均匀度 E_d。其是指反映灌后入渗水量沿田块长度分布的均匀程度。

$$E_d = 1 - \frac{\sum_{i=1}^{N} |Z_i - \overline{Z}|}{N \overline{Z}} \qquad (1.29)$$

式中：Z_i 为沿田块长度方向各计算点土壤的入渗水量；N 为沿田块长度方向的总计算点数；Z 为整个田块的平均入渗量。

在利用模型模拟灌溉水流运动寻求最佳灌水技术指标的组合时，最终由灌水质量指标的高低来衡量，但地面灌溉常用三个质量指标难以同时达到最优，为此不同学者采用了不同的灌水质量优化目标准则，以确定最佳灌水技术指标的组合。Holzapfel（1985）根据引水时间与水流前锋抵达灌水沟末端的时间之比和允许的深层渗漏量为边界条件，提出了仅考虑沟灌系统中行水长度（改口成数）的优化方法。路京选等（1992）在研究沟灌合理的灌水技术指标要素时，将灌水沟分为沟尾自由排水边界和沟尾挡水边界两种情况，采用了不同的目标准则，在沟尾为自由排水边界时，随着入沟流量的增大，均匀系数增大，水量利用率（田块灌溉后的最终入渗量与进入田块的总水量之比）减小，以二者等值点为优化目标，确定不同沟长条件下的最优入沟流量（单宽流量）；在沟尾为挡水边界时，随着入沟流量的增大，均匀系数开始增大，当增大到一个峰值后随之减小，以灌溉均匀度最大为优化目标，确定不同沟长条件下的最优入沟流量（单宽流量）。刘洪禄和杨培岭（1997）提出畦灌最佳灌水状态和最佳灌水技术指标的概念。以给定土壤、畦面坡度和长度下，不同的单宽流量和改口成数组合下，完成满足灌水均匀度的要求的灌水所需要最小灌水定额为极限灌水定额，此时的灌水状态称为极限灌水状态，不同单宽流量和改口成数组合下的极限灌水定额不同，并以极限灌水定额与计划灌水定额最接近时的单宽流量和改口成数作为给定土壤和畦田条件下的最佳灌水技术参数，提出了根据极限灌水定额确定适宜的畦长和单宽流量的方法。

1.3 小麦垄作沟灌技术发展现状

垄作沟灌是沟灌的发展形式，是根据作物种植特点，对垄宽进行了适当加大，但灌水仍然采用沟灌方式。由于其改变了种植面形式和灌溉水入渗方式，因此在研究方法和实际耕作时与传统沟灌有一定区别。目前对垄作沟灌没有明确的定义和技术参数要求，为了研究方便，在此暂定义垄宽大于 30 cm 时为垄作沟灌。

小麦垄作栽培技术由于将传统平作的平面型田面改为波浪型，扩大了土壤表面积，光能利用率提高，有利于延缓植株衰老，延长叶片功能期，增加了植株抗倒伏能力，小麦抗病性能增强，产量显著提高。平作改为垄作后，田间灌溉方式由畦灌改为沟灌，灌水定额减少，提高降水和灌溉水利用率。据青州试验点调查，传统平作畦灌灌水定额 $60m^3/$亩，而垄作沟灌灌水定额 $36m^3/$亩，垄作比平作节水 40%。目前，小麦垄作技术的应用主要局限在冬小麦区，研究工作集中于垄作小麦的节水效应、田间小气候的变化及其对小麦生理生态效应的影响。刘刚才等（1997）在丘陵旱地的研究结果表明，在 0.5m 深的土层内垄作较平作多贮水 15mm，年贮水量约增加 6mm。王旭清等（2002）认为，小麦垄作由于水分下渗较深而有利于根系下扎并吸收深层水分，从而提高了水分利用效率。对于干旱半干旱区春小麦垄作沟灌栽培技术，研究工作刚刚起步，推广应用缺少技术支撑。李佐同等研究了东北地区旱地垄作春小麦品质与产量的变化，张永久（2006）、邓斌（2007）研究了甘肃河西内陆区垄作春小麦各生育阶段生理性状、产量构成因子及水分利用率。这几项初步研究试验设计考虑因素有限，结果很难形成干旱区春小麦垄作沟灌的技术体系。

垄作沟灌技术采取垄上种植，沟灌灌溉方式，由于小麦自身生长所需土壤水分由灌水沟内的水分向垄体侧渗供给，因此，在同等肥力和灌水量条件下，垄作栽培的效果与垄的宽度、垄的方向、小麦种植密度以及灌水质量密切相关，而灌水质量又受垄沟参数（沟深、沟宽、垄宽）的影响。沟灌入渗属二维入渗，灌溉水沿灌水沟入渗的同时，受重力及土壤基质吸力作用，沿灌水沟断面以纵向下渗和横向入渗浸润土壤。在水分入渗过程中各点毛管吸力和重力作用不是直线关系，因此入渗水量与入渗面不成比例，而且由于沟中水深随时间和空间不断变化，导致入渗水势梯度不同，且受到复杂的沟断面几何形状、土壤初始含水量、土壤容重、土壤特性参数变化的影响，导致入渗水量难以测定，使得沟灌的入渗过程极其复杂。对于沟灌入渗问题，Neuman（1973）针对地面灌溉得到了土壤水分运动的二维入渗形式（SWMⅡ），该模型考虑了不规则水流边界和非均质土壤的影响，并用有限元法求解取得了很好的效果。Rawls 等（1990）用一维入渗过程和 Philip 几何因素估算了沟灌二维入渗稳渗率。Tourt（1992）

研究得出了受地面水流流速和湿周影响的沟灌入渗模型。在国内，刘僧仁等（1989）对沟灌二维入渗模型进行了研究，发现具有稳渗项的 Kostiakov 入渗式和 Philip 入渗式均可以很好地模拟沟灌条件下的累计入渗量变化规律，而不带稳渗项的 Kostiakov 入渗式拟合效果较差。孙西欢等（1993、1994）研究了玉米沟距、湿周和侧向影响数对沟灌入渗的影响，并将这些因素对入渗的影响反映在 Kostiakov 模型入渗参数 k、α 值上。张新燕（2005）在室内土箱内模拟沟灌的水流推进与水分入渗规律，分析了沟中水深、沟底宽、沟底导水率及土壤初始含水量等对沟灌二维入渗的影响。王述礼等（2007）建立了沟灌交汇入渗土壤水分运动模型，对沟灌交汇入渗的入渗过程进行了模拟，利用实例模拟结果进行分析，建立了以 Kostiakov 入渗模型为基础的沟灌入渗的两阶段模型及沟灌交汇入渗的减渗量和减渗率计算模型，通过分析沟中水深、土壤初始含水量和土壤容重对沟灌交汇入渗累计入渗量的影响，建立了简单的计算沟灌交汇入渗累计入渗量的求解模型。聂卫波等（2009）研究了土壤容重、沟中水深和土壤初始含水率对沟灌入渗湿润体的影响，建立了包含土壤容重、沟中水深、土壤初始含水率等因素的湿润锋运移距离预测模型，通过模拟分析认为，土壤初始含水率、沟间距对沟灌累计入渗量影响较小，土壤质地、容重、沟底宽和沟中水深对其影响较为显著；沟底宽、土壤初始含水率对土壤湿润体水分分布影响较小，土壤质地、容重对其影响较大，沟间距、沟中水深对其影响主要在零通量面附近，当入渗发生交汇后，零通量面处垂向湿润锋运移加快。以此为基础，建立了包含湿周在内的沟灌累计入渗量计算模型。王利环（2004）通过室内沟灌试验研究了波涌沟灌湿润锋水平和垂直方向发展随时间的变化规律，并运用 SAS 软件对水平向和垂直向的湿润锋运移规律做了回归分析。

研究地面灌溉水分入渗与运移规律的最终目的是提高灌水质量，提高灌水质量必须对灌水技术要素进行合理优化。目前地面灌溉灌水质量评价的指标主要有田间灌水效率、储水效率、灌水均匀度，依据这三项指标可评价灌水质量，确定灌水技术要素优化组合。在这方面有关畦灌与中耕作物沟灌技术的研究成果较多，理论相对成熟。但由于垄作栽培小麦的垄面宽度远大于玉米，且采用非均一行距种植（目前采用同一垄上 15~25cm，不同垄 75cm），因此已有的沟灌水分入渗与运移规律研究成果不适用于小麦垄作沟灌技术。2004 年，甘肃农业大学在张掖市甘州区实验基地对春小麦固定道耕作结合垄作沟灌技术在西北地区的应用进行了研究。该研究结合地膜覆盖与秸秆覆盖技术，对传统耕作与固定道耕作灌溉水侧渗、水分下渗动态进行对比分析，结果表明，固定道垄体土壤含水率表现出明显的不均匀分布，灌溉后水分不能渗透到垄体中部，并建议在进行小麦垄作栽培时要合理设计垄幅宽度，否则就会因为土壤水分的限制而不能为作物提供良好的水分环境，最终影响作物产量。该试验采用的固定道距垄中48.5cm，即垄宽97cm，土壤水分测定深度垄体60cm，沟内100cm，而试验结果表明灌溉湿润锋远大于此范围，因此该试验无法准确计算侧渗和下渗水量，也无法评价和提出合理的垄沟参数和灌水技术参数，对灌水质量也未进行评价，这些问题都期待更深入的研究。张永久（2006）研究了河西内陆区春小麦垄作沟灌的灌溉制度和垄沟参数（垄宽、沟宽等），从作物生理性状与产量效应评价的角度，提出张掖地区合理垄宽为60cm，沟宽15cm；邓斌（2007）使用 SIRMOD 模型指导灌水，对垄作固定道（PRB）、平作固定道（ZT）、垄作（FRB）、传统耕作（CONV）四种栽培方式春小麦的灌水均匀度、不同生育时期的灌水下限以及水分利用效率进行了研究。两项研究分别涉及了干旱区春小麦垄作沟灌技术参数与灌水质量评价等问题，但研究方法上未将垄作沟灌技术参数与灌水质量评价结合，尤其是未能在春小麦垄作沟灌的水分运动规律研究基础上，研究灌水质量评价方法与灌水技术参数，因此，成果缺乏系统性和理论支撑。

综上所述，干旱区春小麦垄作沟灌技术作为一种新型节水灌溉技术，目前的应用尚处于起步阶段，由于缺乏对灌溉水入渗规律尤其是向垄体侧渗规律，土壤水分运移规律，春小麦垄作沟灌条件下的水、肥、气、热关系等的研究，未形成合理的灌水质量评价指标体系与灌水技术参数优化方法，使得该项技术既缺乏必要的理论依据，又缺少技术支撑，从而限制了其发展。本著作通过垄作沟灌技术的理论研究，建立起小麦垄作沟灌技术理论体系，提出干旱区春小麦垄作沟灌的灌水质量评价指标和灌水技术参数设计方法，为干旱区春小麦垄作沟灌生产实践提供技术指导，推动该项技术的推广应用与发展，提高农业水资源利用效率与效益。

1.4　干旱区春小麦垄作沟灌技术研究

1.4.1　研究目标与内容

1.4.1.1　研究目标

项目主要研究密植作物沟灌技术理论，改进、完善、发展地面灌水技术。通过研究，建立干旱灌溉农业区春小麦垄作沟灌技术的理论体系，提出小麦垄作沟灌的灌水质量评价指标、耕作技术参数或垄沟参数（沟深、沟宽、垄宽）和灌水技术参数（入沟流量、沟长、沟坡）设计方法。通过对春小麦垄作沟灌情况下灌溉水入渗规律和土壤水分运移规律观测、灌水质量评价与技术参数优化研究，提出春小麦垄作沟灌的灌水质量评价指标、垄沟参数和灌水技术参数设计建议值，解决的主要科学问题如下：

（1）干旱区垄作沟灌条件下土壤水分运移规律及灌溉水入渗规律。

（2）春小麦垄作沟灌灌水质量评价指标与方法。

（3）春小麦垄作沟灌技术垄沟参数与灌水技术参数设计方法。

1.4.1.2 研究内容

进行干旱区春小麦垄作沟灌入渗规律试验观测，建立春小麦垄作沟灌二维土壤水分运动计算机模型，研究不同垄沟参数（沟深、沟宽、垄宽）情况下土壤水分动态；建立沟灌地面水流运动模拟模型，分析垄沟参数和灌水技术参数（沟长、坡度、入沟流量）对灌溉水入渗及灌水质量影响，提出灌水质量评价指标及计算方法；建立灌水技术参数优化模型，研究垄沟参数、灌水技术参数（沟长、坡度、入沟流量）之间的优化组合。通过研究，建立干旱灌溉农业区春小麦垄作沟灌技术的理论体系，提出干旱区春小麦垄作沟灌的灌水质量评价指标、垄沟参数和灌水技术参数设计方法。具体研究内容如下：

（1）春小麦垄作沟灌入渗规律试验研究。测定土壤水分运动参数（扩散率、土壤水分特征曲线），建立春小麦垄作沟灌二维土壤水分运动计算模型，利用现场试验与计算机模拟相结合的方法，研究不同垄沟参数（沟深、沟宽、垄宽）情况下土壤水分动态，分析垄沟参数对灌溉水入渗及灌水质量的影响。

（2）春小麦垄作沟灌水流运动研究。研究垄作沟灌水流推进与消退过程，建立水流运动模拟模型，模拟不同垄沟参数与灌水参数情况下的水流运动与入渗动态，研究灌溉入渗的空间分布规律。

（3）春小麦垄作沟灌灌水质量评价指标体系研究。研究垄作沟灌小麦水、肥、气、热环境影响，以丰产、节水为目标选择灌水质量评价指标，提出指标计算方法，建立评价指标体系。

（4）春小麦垄作沟灌灌水技术参数优化研究。采用建立的灌水质量评价指标体系，以提高灌水质量为目标，建立优化模型，研究垄沟参数（沟深、沟宽、垄宽）、灌水技术参数（沟长、沟坡、入沟流量）之间的优化组合，开展石羊河流域实例研究，验证灌水质量评价指标及灌水技术参数。

1.4.2　研究方法与技术路线

1.4.2.1　研究方法

本研究拟采用试验研究和数值模拟相结合的研究方法。通过室内试验，测定土壤水分运动参数，建立小麦垄作沟灌二维土壤水分运动计算机模拟模型，结合沟灌入渗现场试验，模拟分析不同垄沟参数灌溉水入渗规律，建立不同垄沟参数灌溉水入渗模型，利用地面水流零惯量运动方程，结合定解条件，建立垄作沟灌水流运动模拟模型，分析不同土壤条件下垄沟参数与灌水参数组合的灌水效果；利用模拟结果设计 3～5 种参数组合，开展不同沟垄参数组合裸地和种植作物条件下灌溉试验，测试验证沟垄参数模拟结果，分析参数变化对灌溉水入渗及灌水质量影响，建立灌水质量评价指标体系；以提高灌水质量为目标建立灌水技术参数优化模型，研究垄沟参数、灌水技术参数之间的优化组合。

1.4.2.2　技术路线

本项研究的技术路线如图 1.1 所示。

1.4.3　研究成果与创新点

1.4.3.1　研究成果

研究以土壤水动力学基本理论为基础，通过室内试验测定了甘肃省石羊河流域民勤沙漠绿洲区春小麦垄作沟灌砂质黏壤土和黏土的土壤水分运动参数，对非饱和土壤水分运动规律进行了研究，用数值方法建立了沟灌二维土壤水分运动模型，利用室内沟灌模型入渗试验结果对模型进行了验证。利用建立的数值分析模型，分析了不同初始条件和垄沟参数对春小麦垄作沟灌土壤水分分布与灌水均匀度的影响，提出了两种土壤适宜的沟灌耕作（垄沟）参数。基于模拟结果与推荐的垄沟参数，设计了现场春小麦垄作沟灌试验，通过两年的现场试验，观测了不同参数情况下土壤水分变化与灌水效果、作物生理指标变化及产量与水分效益，验证了模拟试验结果；通过室内计算机模拟、田间试验观测结合理论分析，对沟灌灌水沟水流推进及消退进行了研究，提出了灌水合理入沟流量、沟长及田面坡度；建立了春小麦垄作沟灌灌水质量评价指标，并对灌水技术参数进行了优化。取得的主要成果如下：

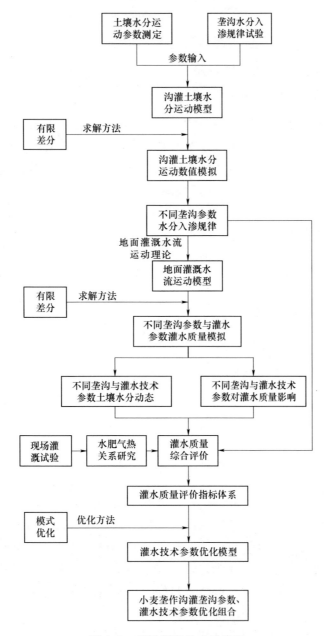

图 1.1 项目研究技术路线图

（1）测定了研究区砂质黏壤土、黏土两种土壤不同干容重情况下水分特征曲线、饱和导水率和水分扩散率，利用 RETC 软件对实测数据拟合得到了 VG 模型有关参数，显著性分析表明，VG 模型能很好地描述土壤水分运动特征。

（2）基于实测土壤水分运动参数，利用 HYDRUS - 2D 数值模拟软件建立了沟灌土壤水分运动模型，对两种类型土壤沟灌二维入渗特性进行了模拟，结果表明，入渗初期，累计入渗量较好符合 Kostiakov 公式描述的幂函数形式，入渗后期，线性关系能更好地描述累计入渗量与入渗历时的变化规律。分析提出在土壤性质等条件相同情况下，累计入渗量由灌水沟湿周来决定。

（3）利用建立的数值模拟模型对不同因素影响沟灌土壤水分运动的规律进行了模拟研究，分析了不同因素对沟灌二维入渗的影响。沟灌土壤水分入渗湿润锋推进与沟型、沟中水深、土壤性质等有关，相同沟型情况下，沟的底宽越大，垂直向湿润锋推进速度就越快；沟深相同，水深越大，垂直向湿润锋推进越快越远。沟中灌溉水对水平向湿润锋推进的影响主要由水位来决定，无论沟的宽窄与深浅，只要水位相同，水平向湿润锋推进速度相同，湿润垄体宽度也相同。相同入渗量下砂质黏壤土水平向湿润锋推进要快于黏土，但垂直向湿润锋推进速度恰恰相反。

（4）采用交汇入渗时垂直向湿润锋距离来衡量横向灌水均匀度，相同沟深与水深情况下，V 形沟横向灌水均匀度优于梯形沟；相同断面情况下，沟中水位越高越有利于提高横向灌水均匀度。适宜的垄沟参数为：V 形沟沟深 15～20cm，边坡 1：1，沟中水深略小于沟深；梯形沟沟底宽 15cm，沟深 15cm，边坡 1：1，沟中水深略小于沟深。

（5）利用构建的模拟模型进一步模拟分析了两种土壤不同容重方案下的水分再分布情况。结果表明，相同灌水量情况下砂质黏壤土灌水停止后水分再分布时间要小于黏土，但其水平与竖直向湿润锋的推进距离均大于黏土。依据再分布后水分分布与湿润范围，建议设计灌水定额情况下，砂质黏壤土适宜垄宽 20～50cm，黏土适宜垄宽为 20～35cm，黏土垄宽取值范围小于砂质黏壤土。

（6）基于数值模拟与室内试验结果，在甘肃省石羊河流域民勤沙漠绿洲区开展两年的春小麦垄作沟灌现场试验，分析不同垄沟参数（垄宽、沟深、沟宽）对春小麦生长指标和产量的影响。结果表明，垄作栽培可以增加春季地温，为提早播种和加快苗期植株的生长具有重要作用。在其他参数一定的情况下，随着垄宽的增大横向灌水均匀度、作物光合速率、叶面指数等生理指标均呈现逐渐降低的趋势；随着沟底宽的增大，横向灌水均匀度、作物光合速率、叶面指数等生理指标均呈现逐渐增加的趋势；随着沟深增大横向灌水均匀度、作物光合速率、叶面指数等生理指标均呈现逐渐降低的趋势。

（7）通过两年现场试验研究表明，试验区春小麦垄作沟灌种植，垄宽 40cm、沟深 15cm、沟底宽 15cm、坡度 1∶1 的参数组合为最优垄沟参数组合；灌水 4 次，灌溉定额 2400m³/hm²，试验区小麦产量达 8242.42kg/hm²，水分利用效率也最高达 17.28 kg/(hm² · mm)。

（8）通过现场水流推进试验研究了不同沟底宽和入沟流量处理下沟灌水流推进与消退过程，结果表明，入渗参数、垄沟参数与灌水技术参数等对沟灌水流推进影响显著，而水流消退过程则主要受沟断面和入渗过程控制。

（9）参考畦灌灌水质量评价指标体系，提出了由灌水均匀度、灌溉水利用率、田间储水率、垄体湿润度组成的垄作沟灌灌水质量评价指标，并根据实际应用中测试工作方便程度，将评价指标进行了简化。利用实测资料验证表明，简化计算公式具有较高计算精度。

（10）以灌水均匀度最大为目标建立了灌水质量优化模型，采用 SRFR 软件作为寻优工具对灌水技术参数进行了优化，得出灌水技术参数三要素优化组合。沟长 50m 时，可不受田面坡度与入沟流量组合限制；沟长 100m 时，必须采用较大的入沟流量（如 1.5L/s），田面坡度影响不大；沟长介于此二者之间，田面坡度与入沟流量必须优化组合。

1.4.3.2　成果创新点

（1）采用室内模型与数值模拟的方法，以甘肃省石羊河流域民勤沙漠绿洲区典型土壤——砂质黏壤土和黏土为例，对春小麦垄作沟灌的灌溉水入渗进行了研究，揭示了垄作沟灌灌溉水入渗规律。垄作沟灌灌溉水累计入渗量在入渗初期较好符合 Kostiakov 公式描述的幂函数形式，入渗后期，较好符合线性关系。在土壤性质等条件相同情况下，累计入渗量由灌水沟湿周来决定。

（2）系统对干旱区春小麦垄作沟灌耕作参数进行了研究，分析了不同土壤条件下沟型、沟参数、垄参数等因素对垄作沟灌二维入渗的影响。提出了研究区适宜的耕作参数组合，即 V 形沟，沟深 15～20cm，边坡 1∶1，沟中水深略小于沟深；梯形沟，沟底宽 15cm，沟深 15cm，边坡 1∶1，沟中水深略小于沟深。

（3）通过对灌溉停水后土壤水分再分布研究，提出研究区适宜的垄宽范围，砂质黏壤土垄宽为 20～50cm，黏土垄宽为 20～35cm，黏土垄宽取值范围小于砂质黏壤土。

（4）提出了由灌水均匀度、灌溉水利用率、田间储水率、垄体湿润度组成的垄作沟灌灌水质量评价指标，并根据实际应用中测试工作方便程度，将评价指标进行了简化。简化计算公式具有较高精度。

（5）以灌水均匀度最大为目标建立了灌水质量优化模型，采用 SRFR 软件为寻优工具对灌水技术参数进行了优化，提出了灌水技术参数三要素优化组合。沟长 50m 时，可不受田面坡度与入沟流量组合限制；沟长 100m 时，必须采用较大的入沟流量（如 1.5L/s），田面坡度影响不大；沟长介于此二者之间，田面坡度与入沟流量必须优化组合。

第 2 章 沟灌水分入渗规律试验观测

土壤水分实质是极稀的土壤溶液，它是影响土壤肥力性状等的相关因素中最重要、最活跃的因素，作物生长需要通过根系不断从土壤中吸收水分。作物不同生育期对土壤水分的要求不同，当土壤水分含量适宜时，既可满足作物生长需要，又可使得灌溉水分利用效率得到提高。土壤水分的运移与土壤质地、土壤容重等密切相关。

2.1 试验区概况

2.1.1 民勤县红崖山灌区概况

民勤县红崖山灌区位于石羊河下游。原以河水灌溉为主，20 世纪末，由于上游来水锐减，逐渐演变成以井水灌溉为主、河水作为补充的井河水混合灌区；随着石羊河流域重点治理项目的实施，上游来水量逐年增加，现又变成地表水灌溉为主、地下水灌溉为辅的混合灌区。按地形、水利条件及历史习惯又分为坝区、泉山和湖区三个灌区。灌区辖 13 个乡镇，2 个国营农林场，共有 209 个村、1537 个村民小组、23.83 万人。

灌区内已建成著名的沙漠水库——红崖山水库一座，总库容为 9930 万 m³，兴利库容为 9800 万 m³。红崖山水库由于多年运行，大坝及主要建筑物破坏严重，防洪标准降低。2016 年 2 月，民勤县红崖山水库加高扩建工程被国务院确定为全国 172 项重大节水供水水利工程，由国家发改委立项批复，工程总投资 4.56 亿元。工程于 2016 年 4 月开工，2018 年 6 月底完工，累计完成投资 4.56 亿元，已完成初步设计批复的全部建设任务，主要完成水库大坝加高培厚 7.2 km，溢洪道、泄洪闸、输水洞拆除重建工程，新建库尾防护堤 6.9 km，增设大坝防浪墙 7.2km，改建排水沟 12.75km，衬砌坝面浆砌石护坡 13.25 km，完成水库清淤 670 万 m³。

灌区内建成跃进总干渠一条，长 87.37km，现已全部衬砌；干渠 13

条，长 171.37km，其中衬砌长度 136.33km；支渠 78 条，长 494.95km，其中衬砌长度 406.23km；斗渠 1267 条，长 1007.41km，其中衬砌长度 389.16km；农渠 4038 条，长 1854.57km，其中衬砌长度 227.11km。配套农用机井 9119 眼，机井输水沟 2948km，已衬砌 2019km。

灌区国土面积 6792.6km²，设计灌溉面积 89.56 万亩，有效灌溉面积 66.69 万亩，农用机井 8207 眼，种植主要作物有小麦、玉米、茴香、瓜类、棉花、蔬菜等。粮经草种植比例 36.9∶57.7∶5.4，粮食平均亩产量 620kg 左右，主要经济作物平均亩产量 2210kg。发展高效节水灌溉面积 43.7 万亩，其中管灌 2.71 万亩，喷灌 0.15 万亩、微灌 40.84 万亩。2018 年，灌区用水总量 3.286 亿 m³，其中地表水 2.436 亿 m³，地下水 0.850 亿 m³。

试验在灌区内的甘肃省水利科学研究院民勤节水农业暨生态建设试验示范基地进行。甘肃省水利科学研究院民勤节水农业暨生态建设试验示范基地位于民勤县大滩乡（东经 103°36′，北纬 39°03′）。该区属大陆性荒漠干旱区，气候干燥，降雨量少，蒸发强烈，昼夜温差大，日照时间长。多年平均降水量在 110mm 左右，且多为作物难以利用的无效降雨，7—9 月的降水占全年降水的 60%，年蒸发量为 2644mm。日照时数为 3010h 以上，大于 10℃ 的积温为 3147.8℃；地下水埋深为 18～25m。

2.1.2 试验区土壤基本性质

试验土样均取自该基地选定试验区，土壤基本物理性质测定在基地进行。试验选择 2 个有代表性的样区采用四分法进行取样，每隔 20cm 左右分层采样，采样区开挖面积为 200cm×200cm，开挖深度为 60cm。取土装入袋中并标明采集地点、剖面号数、采样深度、采集日期等，同时在相应的土壤深度处用环刀、铝盒分层取土样以测定土壤干容重、土壤剖面初始含水率，每次重复 3 个土样。

2.1.2.1 土壤干容重和饱和含水量

土壤的干容重是用来表征土壤颗粒间排列的紧实度、水分含量、土壤孔隙度及充气孔隙度的一项重要指标。土壤容重采用环刀法测定。

饱和含水量对了解土壤水分状况，指导灌溉施肥和研究土壤水分运动，是必不可少的参数。试验测定采用扰动土样，环刀法测定。用过 2mm 土壤筛的风干土样按原状土的容重均匀填入体积为 100cm³ 的环刀，经饱和后测定饱和含水量。

2.1.2.2　土壤机械组成

试验采回的土壤样品经自然风干后，过 2mm 网筛，在剔除植物细根等杂质后采用筛析和比重计相结合的方法进行颗粒大小组成分析试验。筛析法采用土壤分析标准筛，具体分析方法按相关规范进行。比重计法将经化学物理处理而充分分散成单粒状的土粒在悬液中自由沉降，经一定时间沉降，用甲种比重计测定悬液的比重变化，比重计上的读数直接指示出悬浮在比重计所处深度的悬液中土粒含量，绘制颗分级配线，对 6 个土壤样品的质地进行了测试，每个土样重复 2~3 次，土壤质地的分类采用美国土壤质地分类三角表。以此为标准，各层土壤的土壤机械组成分析结果见表 2.1。

表 2.1　　　　　　　　　土 壤 基 本 物 理 性 质

| 采样点 | 深度 /cm | 干容重 /(g/cm³) | 饱和含水量 /(cm³/cm³) | 各级颗粒质量分数/% | | | 土壤质地 |
				黏粒 (<0.002mm)	粉粒 (0.002~ 0.02mm)	砂粒 (0.02~ 2mm)	
A 区	0~20	1.45	0.40	38.40	11.79	49.81	砂质黏壤土
	20~40	1.50	0.39	28.91	31.16	39.93	砂质黏壤土
	40~60	1.55	0.41	38.94	29.5	31.56	砂质黏壤土
B 区	0~20	1.40	0.44	56.75	11.4	31.85	黏土
	20~40	1.45	0.45	48.95	11.9	39.15	黏土
	40~60	1.50	0.46	48.95	12.8	38.25	黏土

由表 2.1 可以看出，各层土壤的砂粒、粉粒和黏粒含量相差不大，质地比较类似，土壤的质地分别为砂质黏壤土和黏土。

2.2　土壤水分运动参数测定

2.2.1　土壤水分运动参数

土壤水分运动规律的研究主要是以土壤水动力学为理论基础，辅助以数学模拟而进行，研究非饱和土壤水分运动时，须首先获得土壤水分运动参数。土壤水分运动的基本参数有 C、K 和 D，三者的关系式为

$$K = DC \qquad (2.1)$$

式中：C 为比水容量，是土壤水分特征曲线的斜率的倒数即单位基质势的变化引起含水率变化；K 为土壤导水率，是土壤中单位水势梯度下的水分通量；D 为土壤水分扩散率，是表征土壤水分运动的重要参数之一，它反映了土壤孔隙度、孔隙大小分布以及导水性能。它们既可以是含水量的函数，也可以是土水势的函数，而参数的准确性决定了与这些参数相关的土壤水分运动模型以及用数学模拟方法定量分析的可靠性。

　　测定土壤水分运动参数有许多种方法，目前按测量途径可分为两大类：直接法和间接法。直接法是用仪器设备直接对试验土壤样品的某个参数进行测定，或者用试验的方法根据公式导出土壤水分运动参数的简单计算式来确定参数。包括实验室和田间方法，如通量水头控制法、水头控制法、垂直下渗通量法、长柱入渗法、壳方法、垂直土柱稳定蒸发法、水平入渗法、Wind 蒸发法、三维入渗法、圆盘积水入渗法、滴渗法、瞬时剖面法、单位梯度法、喷洒入渗计法、出流法等，其中应用较广的有垂直土柱稳定蒸发法、水平入渗法、瞬时剖面法、出流法。直接法的特点是概念方法上比较清晰，是一种测定土壤水分运动参数比较常用的方法，但由于土壤结构及颗粒组成的复杂性，测量土壤水力参数耗时、耗力，需昂贵试验仪器设备和特殊的操作技能，以及推求导水特征的不确定性限制了它的应用。间接法就是估计推求土壤水分运动参数或假定参数进行试算而确定参数，将土壤的导水特性同土壤颗粒、孔隙大小分布、容重等一些较容易测定的土壤物理特性联系起来，进行非饱和土壤水分运动的相关研究。间接法估计土壤水分运动参数包括土壤转换函数方法、分形理论方法、土壤形态学方法、数值反演方法、经验公式法。间接法的特点是能够获取土壤空间变异性很强且区域范围较大的土壤导水特性和提供参数不确定性的信息，但计算模式会影响参数的收敛性及参数唯一性，限制了它推广。

2.2.2　土壤水分特征曲线测定

2.2.2.1　试验方法

　　土壤水分特征曲线是描述一定质地土壤水分的能量和数量之间的关系曲线，它反映了土壤水的能态与土壤水含量之间的关系。若土壤处于水饱和状态，即此时含水率为饱和含水率 θ_s，而外界吸力 S 或土壤基质势为零。随着吸力的逐渐增大，且达到某一阈值 S_a 后，土壤中大孔隙里的水开始流出，这一临界值称为进气吸力或称为进气值。土壤水分特征曲线主要与土壤的颗粒分布有关，其影响因素主要有土壤的质地、结构、容重、温度等，还与土壤中水分滞后现象有关，即土壤脱湿（由湿变干）过程和土壤吸湿（由干变湿润）过程的水分特征曲线是不同的。目前测定土壤水分特征曲线的常用的方法主要有张力计法、压力膜法、离心机法、砂性漏斗法、平衡水汽法、稳定土壤含水率剖面法等。本研究采用压力膜法测定土壤水分特征曲线，该方法可以测定土壤在不同压力条件下含水率，同时可测定多个土壤样品，具有操作简单、精度高，可测定高吸力下的土壤含水量的特点。

试验采用美国 SEC 公司生产的 1500F1 型 15bar❶ 压力膜仪测定土壤水分脱湿曲线，测定土壤样品 0.1bar、0.2bar、0.5bar、0.8bar、1bar、1.5bar、3bar、5bar、8bar、10bar、12bar、15bar 共 12 个压力梯度下所对应的土壤体积含水率，每种土样重复三个样品。测定的方法和步骤如下：

（1）首先将田间所取的土样置于土样盘、风干，按田间实测的干容重将土样压入环刀中，尽量恢复原状土性质，使环刀连同土样与多孔压力板接触良好，缓慢加水使土样和多孔压力板饱和。注意缓慢注水将土样中的气泡排出，使土样气相接近于零，应分次分批注水，使水层渐渐淹至土环上沿，此时停止加水，将水层保持 24h 以上，使土样达到充分饱和，然后用吸管吸掉陶土板上多余的水分。

（2）将饱和好的土样和多孔压力板置于压力锅内，加盖密封，打开气压源的动力开关，按试验要求调节压力调节阀，逐渐加到所需压力，这时有水分从压力锅内排出，保持气压不变，直到达到水分平衡没有水分从压力锅内排出。

（3）将气压调回零值，打开压力室后立即称量土壤样品的质量。

（4）称重后将土环重新放回压力锅，调节气压阀，重复操作。

（5）用烘干法测定土壤质量含水率，取三个样品的平均土壤质量含水率，根据土壤容重求得体积含水率。

（6）根据测定的 12 个吸力梯度的吸力值和对应体积含水量拟合出水分特征曲线。

2.2.2.2 试验结果

试验测得砂质黏壤土干容重 $1.45 \mathrm{g/cm^3}$、$1.50 \mathrm{g/cm^3}$、$1.55 \mathrm{g/cm^3}$，黏土干容重 $1.40 \mathrm{g/cm^3}$、$1.45 \mathrm{g/cm^3}$、$1.50 \mathrm{g/cm^3}$ 六个土样的水分特征曲线见图 2.1。

---

❶ 1bar＝100kPa。

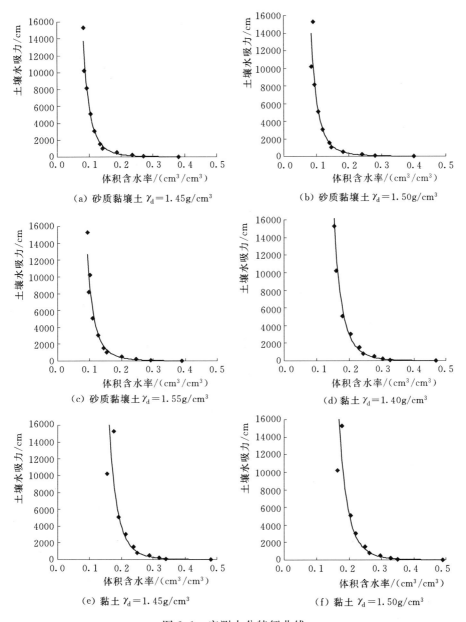

图 2.1　实测水分特征曲线

　　从图 2.1 看到不同质地土壤含水量相同时，其吸力相差很大；在同一土壤吸力条件下，土壤黏粒含量愈多其土壤含水率愈大，反映在土壤水分特征曲线坡度上，黏质土壤的曲线比砂质壤土的曲线变化更为平缓。同一质地土壤在同一吸力下，随着容重增加，土壤愈密实，相应含水率也较大，但土壤水分特征曲线形式相似。利用幂函数 $s=a\theta^b$ 来拟合曲线，砂质黏壤土和黏土的具体拟合公式和相关系数见表 2.2。

表 2.2　　　　　　　　试验土样水分特征曲线拟合结果

土壤质地	干容重 $\gamma_d/(\text{g/cm}^3)$	水分特征曲线	R^2
砂质黏壤土	1.45	$s=0.1323\theta^{-6.2213}$	0.9935
	1.50	$s=0.2896\theta^{-4.3055}$	0.9903
	1.55	$s=0.1364\theta^{-6.3775}$	0.9771
黏土	1.40	$s=0.3429\theta^{-4.2754}$	0.9894
	1.45	$s=0.1372\theta^{-6.5344}$	0.9841
	1.50	$s=0.2940\theta^{-4.4877}$	0.9879

由表 2.2 可以看出，各拟合曲线的决定系数为 0.9771～0.9935，相关性较好，表明试验土壤非饱和土壤水分特征曲线符合幂函数的关系。

2.2.3　土壤水分扩散率测定

2.2.3.1　试验方法

试验采用水平土柱吸渗法测定土壤水分扩散率，试验装置如图 2.2 所示。水平土柱吸渗法采用马利奥特瓶供水装置，在入渗过程中，记录马氏瓶水位变化及湿润锋每过 1 cm 所用时间及土壤入渗水量的变化。湿润锋接近试验水平土柱底部 2/3 时结束入渗试验。在试验结束时，从湿润锋附近开始向水室处通过取土孔取土、称重、烘干，测出土柱的含水量分布。根据 t 时刻水平土柱的含水量分布，由 Boltzmann 变换参数 $\lambda=xt^{-0.5}$ 计算各水平湿润锋 x 点对应的 λ 值，绘制 $\theta=f(\lambda)$ 关系曲线。由于受试验设备和测试手段的限制，进水端附近土柱的含水率分布会出现跳动和偏高，故对 $\theta=f(\lambda)$ 关系曲线先进行修正，使其成为光滑曲线，计算土壤水扩散率。

2.2.3.2　测试原理

测定非饱和土壤水分扩散率 $D(\theta)$ 最普遍的方法就是由早期 Bruse 和 Klute（1956）提出用水平土柱的非稳定流方法。该方法是利用一个半无限长水平土柱吸渗试验，采用质地均一、初始含水量相同的土柱，进水端水位恒定，压力为零，维持接近饱和的稳定边界含水率，水分在土柱中作一维水平吸渗运动。忽略重力作用，其微分方程为

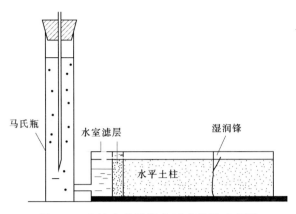

图 2.2 土壤水分扩散率试验装置示意图

$$\frac{\partial \theta}{\partial t} = \frac{\partial}{\partial x}\left[D(\theta)\frac{\partial \theta}{\partial x}\right] \qquad (2.2)$$

初始条件和边界条件为

$$\left.\begin{array}{ll} \theta = \theta_0 & x=0, \quad t=0 \\ \theta = \theta_b & x=0, \quad t>0 \\ \theta = \theta_0 & x\to\infty, \quad t>0 \end{array}\right\} \qquad (2.3)$$

式中：θ、θ_0、θ_b 分别为土壤的含水量、初始含水量及接近饱和含水量的边界含水量；x 为吸渗湿润锋的水平距离，cm；t 为入渗时间，min。

引入 Boltzmann 变换参数 $\lambda = xt^{-0.5}$ 变换后，将偏微分方程化为常微分方程，用解析法求得计算公式为

$$d(\theta) = -\frac{1}{2}\frac{\partial \lambda}{\partial \theta}\int_{\theta_0}^{\theta}\lambda(\theta)\mathrm{d}\theta \qquad (2.4)$$

一般来说，$\lambda - \theta$ 很难表达成一个解析式，故式（2.4）常改写为差分形式：

$$d(\theta) = -\frac{1}{2}\frac{\partial \lambda}{\partial \theta}\sum_{\theta_0}^{\theta}\lambda\theta\Delta\theta \qquad (2.5)$$

2.2.3.3 试验结果

试验取砂质黏壤土干容重 1.45g/cm³、1.50g/cm³、1.55g/cm³，黏土干容重 1.40g/cm³、1.45g/cm³、1.50g/cm³，为了保证土柱初始含水率和密度均一，将风干土样破碎后过 2mm 土壤筛，配置成一定初始含水量，分别按照干容重分层均匀装入直径为 10cm，长为 100cm 水平有机玻璃筒进行试验。

计算得两种试验土壤不同容重非饱和土壤水扩散率及拟合曲线如图

2.3 所示。

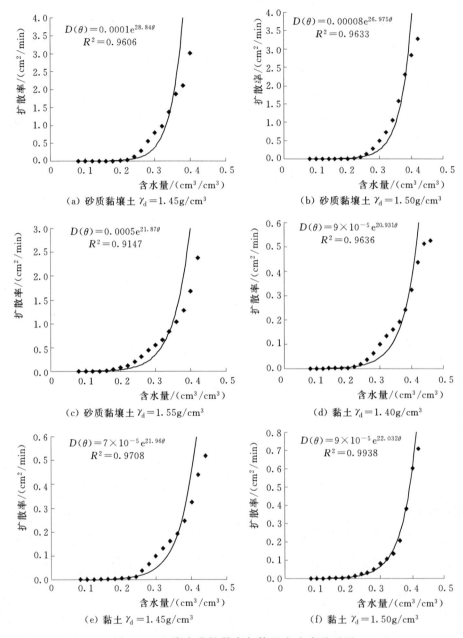

图 2.3 土壤水分扩散率与体积含水率关系图

由图 2.3 可以看出，土壤水分扩散率与土壤含水量之间符合经验公式 $D(\theta)=ae^{b\theta}$，呈指数函数变化，单调递增关系。土壤含水率较低时，水分扩散率随土壤含水率增加而变化缓慢，土壤水分扩散主要以水汽运动形式为主；土壤含水率较高时，土壤水分扩散率随土壤含水率增加而急剧增大，水分扩散曲线相对较陡，土壤水分扩散运动加剧。土壤水分扩散率 $D(\theta)$ 受土壤总孔隙度的影响，土壤愈疏松，总孔隙度愈大，土壤水分扩散率大，即砂质黏壤土较黏土的扩散率要大一些；同时受土壤质地影响，质地疏松的土壤比质地黏重的土壤扩散率要大。其他影响扩散率的因素还需进一步试验与探索。

2.2.4 土壤水分运动参数模型

2.2.4.1 VG 土壤水分运动参数模型

描述土壤水分运动参数方程的经验模型主要有 Broods - Corey 模型（BC 模型）、Gardner 模型、Van Genuchten 模型（VG 模型）和 Gardner - Russo 模型，目前国内外使用最为普遍的是描述土壤水分运动参数的 VG 模型。

Van Genuchten（1980）提出土壤水分特征曲线与非饱和导水率之间的关系式为

$$\theta(h) = \theta_r + \frac{\theta_s - \theta_r}{(1 + |\alpha h|^n)^m}$$
$$K(S_e) = K_s S_e^l \left[1 - (1 - S_e^{1/m})^m\right]^2$$
$$S_e = \frac{\theta - \theta_r}{\theta_s - \theta_r} = \frac{1}{(1 + |\alpha h|^n)^m}$$
$$m = 1 - 1/n, \quad n > 1 \tag{2.6}$$

式中：$K(S_e)$ 为土壤非饱和导水率，cm/min；K_s 为土壤饱和导水率，cm/min；S_e 为土壤相对饱和度；l 为经验拟合参数，通常取平均值 0.5；$\theta(h)$ 土壤体积含水量，cm^3/cm^3；h 为压力水头，cm；θ_r 为土壤剩余体积含水量，cm^3/cm^3；θ_s 为土壤饱和体积含水量，cm^3/cm^3；α 和 n 为经验拟合参数（或曲线性状参数）。

2.2.4.2 VG 模型土壤水分运动参数推求

本书采用美国盐土工程实验室 Simunek 和 Van Genuchten 开发的 RETC 土壤水分运动参数拟合软件来计算土壤水分特征曲线 $h - \theta$ 及非饱和土壤导水率 $K(\theta)$。具体方法为：运行 RETC 软件新建文件；在 Scale Units 中选择 cm 和 min 为单位；在 Type of Retention/Conductivity model 中选择 Van Genuchten 模型（$m = 1 - 1/n$）；将压力膜仪测得的各类型土样实测脱湿过程的吸力与体积含水率数据输入到 Retention Curve Data，同时将土壤水分扩散率与体积含水率输至 Diffusivity Data 进行运算，在拟合过程中饱和含水率 θ_s 与经验拟合参数 $l=0.5$ 不变，拟合得到 VG 模型参数见表 2.3。

表 2.3　　　　　　　　　原状土壤水分特性的 VG 模型参数

土壤类型	γ_d /(g/cm³)	θ_r /(cm³/cm³)	θ_s /(cm³/cm³)	α /cm⁻¹	n	R^2
砂质黏壤土	1.45	0.0634	0.47	0.00289	1.513	0.979
	1.50	0.0634	0.46	0.01115	1.263	0.986
	1.55	0.0664	0.45	0.00053	1.452	0.984
黏土	1.40	0.068	0.45	0.00261	1.422	0.980
	1.45	0.068	0.44	0.00094	1.503	0.989
	1.50	0.068	0.43	0.00046	1.522	0.988

由表 2.3 拟合结果看出，对于不同质地、不同干容重土壤，应用 RETC 土壤水分运动参数估计软件计算 Van Genuchten 模型参数均有很高精度。分析各参数变化情况，虽然不同质地、不同容重土壤的参数值有明显差异，但变化无明显律性。

2.3　室内沟灌模型入渗试验

2.3.1　试验装置

沟灌土壤水分二维入渗试验设备由有机玻璃土箱和供水系统两部分组成。有机玻璃土箱尺寸为长 70cm、宽 20cm、高 70cm，土箱侧壁上有一个进水口，通过内径 8mm 的橡胶管将马氏瓶和土箱连通，试验装置、灌水沟断面尺寸如图 2.4 和图 2.5 所示。室内沟灌模型入渗试验和湿润锋推进如图 2.6 和图 2.7 所示。

试验前，将采回的土样风干过 2mm 网筛。按设计的土壤初始含水量配好，放置 72h 后，使水分充分扩散均匀，以达到使水分重分布的目的，从而获得均匀的初始含水率。然后按设计容重分层（5cm）均匀夯实装入试验土箱内。土样装好后，在土表面挖梯形灌水沟。

试验中用马氏瓶进行供水，调节高度使马氏瓶的进气口与试验所要求

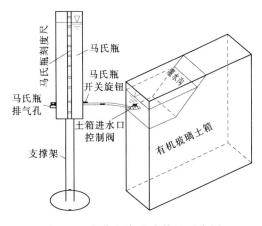

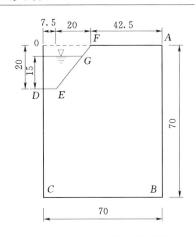

图 2.4 沟灌入渗试验装置示意图

图 2.5 灌水沟断面尺寸图

（单位：cm）

的水面平齐，从而使马氏瓶自动供水，保持水面位置的恒定。灌水入渗开始后，记时并定时观测土壤湿润过程，观测入渗时间依次为 1min、2min、3min、4min、5min、10min、15min、20min、30min、40min、50min、70min、90min、120min、150min、…，先密后疏，通过读取马氏瓶的刻度计算不同时刻的入渗水量，并且间隔一定时间在试验土箱一侧外壁上描出不同时刻所对应的水平方向和垂直方向的湿润锋运移位置。灌水结束后即刻用土钻取土，烘干法测定土壤剖面的含水率。

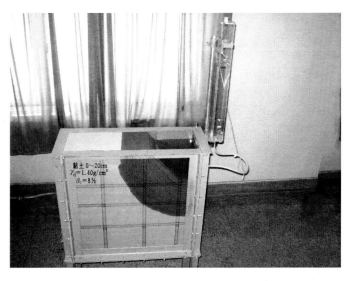

图 2.6 室内沟灌模型入渗试验

图 2.7　室内沟灌模型入渗试验湿润锋推进图

2.3.2　二维自由入渗试验

2.3.2.1　试验方案

对砂质黏壤土、黏土两种土壤在相同初始含水量条件，不同干容重情况下春小麦垄作沟灌入渗规律进行试验研究，在室内模拟沟灌条件下土壤水分运动的规律，观察沟灌土壤湿润锋面的发展过程，并对比不同土质的入渗过程中水分分布、湿润范围和入渗水量随时间的变化关系。方案中选择梯形沟，沟坡比为 1∶1，试验初始含水量砂质黏壤土为 5%、黏土为 8%，干容重砂质黏壤土 1.45g/cm³、1.50g/cm³；黏土 1.40g/cm³、1.50g/cm³。试验方案见表 2.4。

表 2.4　　　　　　　　沟灌入渗试验方案

土壤质地	干容重 γ_d /(g/cm³)	沟深 /cm	沟底宽 /cm	垄宽 /cm	沟水深 /cm
砂质黏壤土	1.45、1.50	20	15	42.5	15
黏土	1.40、1.50	20	15	42.5	15

2.3.2.2　入渗过程

4 个试验的入渗时间分别为 270min、480min、840min、1200min，试验过程中记录入渗水量与时间、湿润锋发展过程，试验结束后立即取土样测定含水量。根据试验结果绘制 4 种土壤的单位沟长累计入渗量曲线见图 2.8 和图 2.9。由两图可知，4 种土壤的入渗规律与一维垂直入渗相类似，拟合其入渗曲线，符合 Kostiakov 模型描述的入渗规律，同一土质情况下，干容重越大，总入渗量越小。对比结果见图 2.8 和图 2.9。

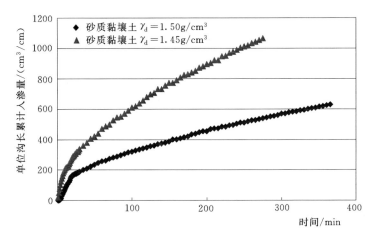

图 2.8　砂质黏壤土单位沟长累计入渗量过程线

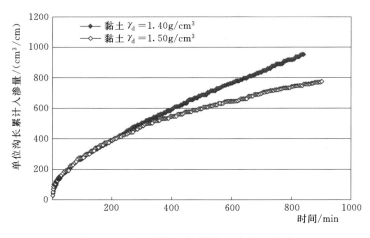

图 2.9　黏土单位沟长累计入渗量过程线

　　根据试验结束后的土壤含水量测定结果绘制 4 个土样含水量等值线见图 2.10～图 2.13。由此对比可以看出，由于土质与干容重的差别，4 个土样的湿润范围与深度差别较大，砂质黏壤土明显优于黏土。

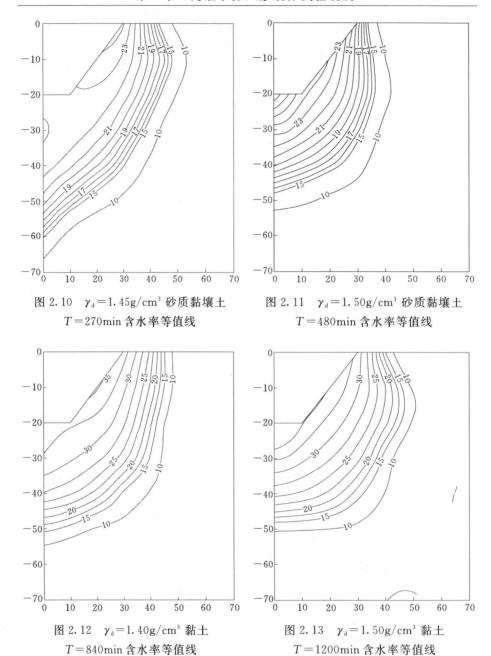

图 2.10　$\gamma_d = 1.45 \text{g/cm}^3$ 砂质黏壤土
$T = 270\text{min}$ 含水率等值线

图 2.11　$\gamma_d = 1.50 \text{g/cm}^3$ 砂质黏壤土
$T = 480\text{min}$ 含水率等值线

图 2.12　$\gamma_d = 1.40 \text{g/cm}^3$ 黏土
$T = 840\text{min}$ 含水率等值线

图 2.13　$\gamma_d = 1.50 \text{g/cm}^3$ 黏土
$T = 1200\text{min}$ 含水率等值线

2.3.3　交汇入渗试验

2.3.3.1　试验方案

沟灌交汇入渗试验实验设备仍然采用图 2.5 所示试验装置，由有机玻璃土箱和供水系统两部分组成，根据试验方案变化情况，对有机玻璃土箱尺寸进行了调整，设计三种规格，长宽高分别为 37.5cm × 20cm × 80cm（对应垄宽 30cm）、42.5cm × 20cm × 80cm（对应垄宽 40cm）和 47.5cm × 20cm × 80cm（对应垄宽 50cm），实验仍采用马氏瓶供水，马氏瓶尺寸为 10cm × 10cm × 80cm。

试验所用土壤与上节自由入渗试验相同，仅对土壤容重为 $1.45g/cm^3$ 砂质黏壤土进行试验，模拟不同垄宽情况下入渗剖面的交汇情况，对比分析交汇入渗对入渗规律的影响。设计 30cm、40cm、50cm 三种垄宽，土样初始含水量（质量含水量）为 13%、15% 两种情况，试验其他参数、方法与上节相同，增加入渗完成后 10h 含水率分布测定。试验方案见表 2.5。

表 2.5　　　　　　　　　沟灌交汇入渗试验方案表

处理编号	垄宽 /cm	沟底宽 /cm	沟深 /cm	灌水量 /cm³	初始含水量 /%	沟型
1	30	15	15	4.5×10^{-3}	15	梯型
2	30	15	15	4.5×10^{-3}	13	梯型
3	40	15	15	5.1×10^{-3}	13	梯型
4	50	15	15	5.7×10^{-3}	13	梯型

2.3.3.2　入渗过程分析

累计入渗量是用来反映单位长度沟灌的入渗总量，利用试验结果绘制灌溉模拟方案的累计入渗量与时间的关系图见 2.14。由图 2.14 可知，沟灌土壤水分入渗初期湿润锋为半球体，水的入渗量较快，入渗到一定程度整体入渗速度变得平缓，在相同的土壤性质条件下，不同垄宽条件下土壤的湿润锋和累计入渗量之间存在差异性，图 2.14（a）和（b）分别为土壤初始含水量为 15% 和 13% 条件下垄宽为 30cm 时垄作沟灌累计入渗量与时间之间的关系，对比分析可以看出，初始含水量较高的土样，刚开始入渗的较为缓慢，总体入渗时间较长，但二者整体入渗趋势相近，图 2.14（b）、（c）和（d）分别表示土壤初始含水量为 13%，垄宽为 30cm、40cm 和 50cm 条件下垄作沟灌累计入渗量与时间之间的关系，不同垄宽条件下三图的总体变化趋势相近，30cm 垄宽在刚开始的累计入渗量随时间的变化趋势较大，40cm 和 50cm 垄宽的模型初始累计入渗量随时间的变化较小，200min 之后三个模型的变化趋势都趋于直线。

2.3.3.3　交汇入渗土壤水分再分布

用 Microsoft Excel 2003 及 Surfer 8.0 软件对原始数据进行甄别处理及

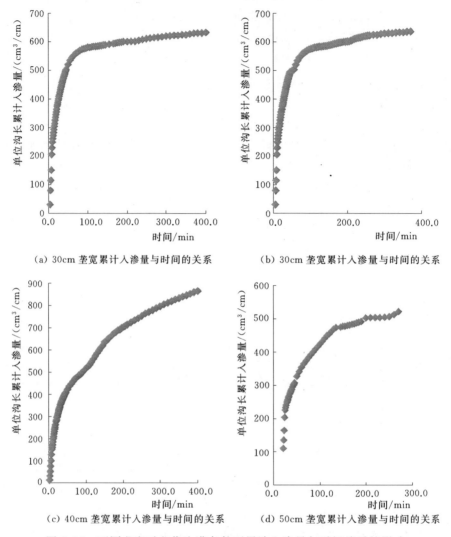

（a）30cm 垄宽累计入渗量与时间的关系　　　（b）30cm 垄宽累计入渗量与时间的关系

（c）40cm 垄宽累计入渗量与时间的关系　　　（d）50cm 垄宽累计入渗量与时间的关系

图 2.14　不同垄宽对垄作沟灌条件下累计入渗量与时间关系的影响

图形绘制，实验结果如图 2.15 所示。图 2.15（a）为 30cm 垄宽的土箱入渗完成后直接取土测得含水量分布图，从中可以看出，在灌水后沟内土壤水分的总体分布为逐层降低，含水量值依次下降，土壤水分能入渗到垄体中部，沟底部的含水量较两边垄体的含水量高，水分未完成重新分布的过程，50cm 以上水分较初始含水量大，50cm 以下基本接近于土壤初始含水量。图 2.15（b）、（c）、（d）依次为 30cm、40cm 和 50cm 垄宽入渗完成放置 10h 之后，在重力作用下完成水分的再分布过程，取土测得含水量分布图；从总体来看，水分再分布后的土壤含水量数值各层变化不大，都比较

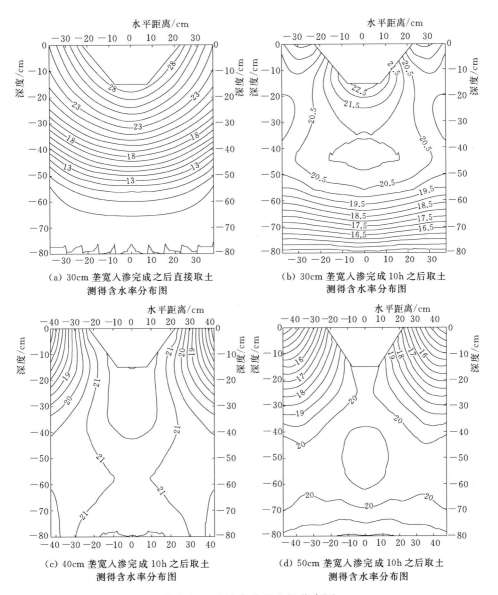

(a) 30cm 垄宽入渗完成之后直接取土
测得含水率分布图

(b) 30cm 垄宽入渗完成 10h 之后取土
测得含水率分布图

(c) 40cm 垄宽入渗完成 10h 之后取土
测得含水率分布图

(d) 50cm 垄宽入渗完成 10h 之后取土
测得含水率分布图

图 2.15 土壤水分的空间分布图

接近田间持水量 23%，沟内土壤水分在灌水后的总体分布呈现下渗的趋势，但沟两侧土壤水分以垄体中心为对称轴呈现单调递减。土层深度50cm 以下沟底和垄体中心的土壤含水量趋于一条直线，各土层含水率逐层下降，其中 30cm 和 40cm 垄宽处理水分能较好入渗到垄体的中部。通过对不同有机玻璃土箱进行沟灌入渗过程的模拟，观察不同垄宽条件下土壤水分运移规律的变化，为后期大田试验的研究奠定了有利的基础。

2.4　现场沟灌入渗试验

沟灌水流在推进的过程中主要受入渗的影响，入渗速率快，其推进速度将会减慢，而沟灌入渗是典型的二维入渗，在入渗的过程中受到多种因素的影响，影响较大的主要有田间土壤初始含水量、土壤物理性质、沟灌水深等，研究田间土壤入渗对灌水均匀度与灌溉水有效利用率等灌水质量评价指标的计算与比较具有重要的意义，本部分试验通过模拟灌水沟不同水深的入渗试验，研究不同参数影响下的入渗模型，以便为灌水质量评价提供依据。

入渗是地表水从土壤表层进入土壤内，并转化为土壤水和地下水的过程，土壤入渗参数是代表土壤入渗能力的一项重要指标，土壤入渗能力是指在特定大气压下，土壤在供水充分时单位面积每单位时间入渗的水量，其直接影响田间水分利用率和灌溉质量。土壤入渗能力与土壤水分状况、水稳性团粒含量、土壤结构以及土壤空隙特征和连通状况等因素有关。对入渗参数现场测定方法国内外均有大量的研究，主要有双环入渗仪法、单环入渗法、圆盘入渗仪法、Hood 入渗仪法等。双环入渗仪法以其快速、方便作为野外测定土壤入渗测定最常用的方法，但其只能进行一维入渗试验，而且对土地的平整度要求较高，并且耗时费水；单环入渗法往往会发生侧渗，并且会受到田间不均匀性的影响较大；圆盘入渗仪法、Hood 入渗仪法入渗面积较小，代表性比较差，Hood 入渗仪法有严重的测渗现象，影响精度，这些方法均没有考虑实际灌水过程中动水头的影响，有学者提出测定沟灌土壤入渗参数的流入－流出法，但这种方法水量的流出量较难测定。本研究采用模拟沟灌试验的方法，通过定水头法测定不同灌溉水深的入渗规律。

2.4.1　试验装置与方法

试验采用 Guelph 入渗仪结合模拟灌水沟的方法进行，Guelph 入渗仪可以不间断测定不同水头条件下模拟灌水沟的入渗量，其主要工作原理是当模拟灌水沟中的水位达到所设定的水位时，在大气压的作用下 Guelph 入渗仪中所注入的水量将停止流出，在入渗的作用下当水头不够时，Guelph 入渗仪中的水量继续流出，以此来维持一个定水头，所以该入渗试验也称定水头法。试验地土壤基本物理性质见表 2.1 和表 2.2，试验时挖去田面表层的杂草、麦秆以及浮土等，试验沟深 20cm，沟底宽 15cm，模拟沟长度 45cm，沟坡 1∶1。试验开始时 Guelph 入渗仪的底端出水口与模拟灌水沟的底部齐平，按试验方案设置沟水位，在水量不够时将出水开关拧在"OFF"的位置，取开顶部注水口补充水量，在入渗过程中从入渗开始每 30s 记录一次 Guelph 入渗仪中水位刻度，每个水位处理入渗时间总计 30～50min 不等，每处理 3 个重复，试验处理见表 2.6。

表 2.6 现场模拟沟入渗试验方案

处理	沟底宽/cm	沟深/cm	含水量/%	试验水深/cm	试验沟长/cm
T1	15	20	13.8	4	45
T2	15	20	14.2	6	45
T3	15	20	13.8	8	45
T4	15	20	13.5	12	45
T5	15	20	14.1	15	45

模拟灌水沟的起始端和末尾部位均用塑料、铁板等不透水的物品隔离，以保持实际沟灌过程中的二维入渗，为防止入渗过程中在沟两端漏水，入渗沟与两端的隔水边界需要紧密结合，在试验结束之后沿着灌水沟中部位置开挖一个剖面，将剖面一侧的土体全部挖出，挖深至湿润锋前锋垂直运移的位置，水平开挖至水平湿润锋前锋推移的最左边，以便与沟灌水流推进试验以及室内数值模拟相比较，从而对得到的推进和消退过程以及入渗模型进行校核与修正。

2.4.2 不同灌溉水深累计入渗量

按照表 2.6 的试验方案开展模拟灌水沟入渗试验，试验观测时间 1h 以内，根据累计入渗水量计算单位沟长入渗量，绘制不同水深条件下模拟沟累计入渗量如图 2.16 所示。

从图 2.16 可以看出，沟内水深对累计入渗量有显著影响，水深越大，相同时间对应的入渗总水量越大，累计入渗量曲线斜率越大，入渗速度越大，入渗更快。

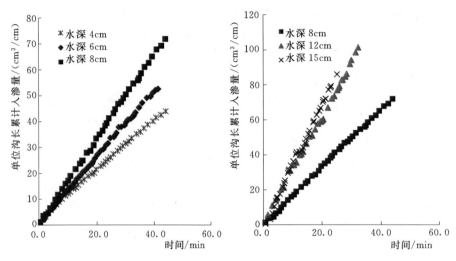

图 2.16　沟底宽 15cm 不同灌溉水深累计入渗量对比图

2.5　沟灌入渗模型建立

土壤入渗性能是水文、农田水利等研究中的重要指标，国内对土壤入渗的研究起步比较早，已形成大量的研究成果和理论体系。针对畦灌、沟灌等地面灌溉入渗性能，主要根据现场实测入渗曲线，采用特定的模型拟合参数，建立经验公式来描述。刘疸仁通过研究发现带有稳定入渗项的 Kostiakov 修正公式和 Philip 入渗式能较好地模拟沟灌灌水总量随时间的变化趋势，而不带稳定入渗率项的 Kostiakov 入渗模型对畦灌灌溉水累计总入渗量与累计入渗总时间的相关关系的模拟效果较好，但是对沟灌拟合效果较差，不能反映一般规律。

2.5.1　常用入渗模型

常用的入渗模型有 Kostiakov、修正的 Kostiakov、Green - Ampt、Philip、Horton、Collis - George 等形式，在畦灌等一维入渗中，Kostiakov 模型形式简单，能较好地描述土壤入渗性能，因此被普遍采用，应用于描述单位沟长入渗量。

（1）Kostiakov 模型及其修正模型。

Kostiakov 模型

$$Z = Kt^{\alpha} \tag{2.7}$$

修正的 Kostiakov 模型

$$Z = Kt^\alpha + Ct \tag{2.8}$$

式中：Z 为单位长度（即单位沟长）累计入渗量，cm^3/cm；t 为入渗历时，min；α 为入渗参数，其值大小反映了入渗的时间效应；K 为入渗系数，cm^2/min^α，其物理意义是第一单位时间末的入渗量。K、α、C 为经验常数，α 一般为 $0.3 \sim 0.8$。该模型公式为经验公式，比较简单方便，当时间趋于无穷大时，与实际情况不符，在确定 t 的情况下，拟合结果比较准确。

（2）Green - Ampt 入渗模型。Green - Ampt 入渗模型是基于毛细管吸水原理为基本依据，在不考虑入渗动水头对入渗的影响，入渗水分推进范围内的土壤含水量均达到饱和含水量，并且入渗湿润区推移前锋处所处的位置两侧土体含水率差异明显。该模型有以下两种不同的表达式：

$$i = K_s \left[1 + \frac{(\theta_s - \theta_0) S_f}{I} \right] \tag{2.9}$$

$$I = K_s t + S_f (\theta_s - \theta_0) \ln \left[1 + \frac{I}{(\theta_s - \theta_0) S_f} \right] \tag{2.10}$$

式中：I 为单位沟长累计入渗量，cm^3/cm；i 为入渗率，cm^2/min；K_s 为饱和导水率，cm^2/min；θ_s 为土壤饱和含水量；θ_0 为初始含水量；S_f 为湿润锋推进前锋处的平均基质势。

（3）Philip 入渗模型。Philip 入渗模型是假设土壤含水量均匀一致的均质土壤而得到的一维入渗模型，其表达式为

$$I = St^{0.5} + At, \quad i = \frac{1}{2} St^{-0.5} + A \tag{2.11}$$

式中：I 为单位沟长累计入渗量，cm^3/cm；S 为吸渗率，cm^2/min；t 为受水时间，min；A 为影响入渗的主要参数。

该模型各项均具有非常明显的物理意义，但是本 Philip 入渗模型仅是其解析式的前两项，当灌水沟受水时间较长时，该模型模拟的结果往往偏低，因此 Philip 入渗模型适用于沟灌灌水沟入渗受水时间不长的条件下，当时间趋于无穷大时，由于入渗导致的土壤性质和入渗条件的变化，解析解后面的无穷项不能忽略，限制了该模型在长时间受水条件下的推广和应用。

（4）Horton 入渗模型。Horton 入渗模型是一种既可以模拟入渗总水量随时间变化的过程，又可以表述出入渗过程中入渗率的变化情况，对入渗过程可以进行动态模拟，也是一个基于田间灌溉入渗实测资料所得到的经验公式，其表达式如下：

$$i = i_f + (i_0 - i_f)e^{-ct} \tag{2.12}$$

$$Z = V(1 - e^{-rt}) + Wt \tag{2.13}$$

式中：Z 为单位沟长累计入渗量，cm^3/cm；i_f 为稳定入渗率，cm^2/min，一般通过累计入渗量随时间变化曲线中的直线段的斜率来表示；i_0 为起始入渗率，cm^2/min，由于注水过程、人为操作等原因起始入渗率不易确定，一般认为入渗前 3min 的平均入渗率为起始入渗率；r 为经验参数；t 为灌水沟受水时间，min；c 为拟合常数，通过分析拟合得到。

（5）Collis‐George 模型。

$$Z = Z_0 \left[\tanh\left(\frac{t}{t_c}\right) \right]^{1/2} + K_c t \tag{2.14}$$

式中：Z 为单位沟长累计入渗量，cm^3/cm；K_c 为饱和导水率，cm^2/min；t 为入渗时间，min。

作者曾利用甘肃省黄羊河灌区、古浪河灌区、引大秦王川灌区 3 个大型灌区的 6 次一维入渗试验的实测资料，计算了入渗参数，以剩余平方和最小为目标函数建立优化模型，对计算精度进行评价，结果表明，Collis‐George 模型、修正的 Kostiakov 模型较目前常用的 Kostiakov 模型能更好地描述这 3 个灌区的一维土壤入渗特性，Green‐Ampt 入渗模型拟合效果最差。

2.5.2 二维自由入渗模型

沟灌在水流推进过程中，在重力势、压力势和基质势等作用下，灌溉水在灌水沟底部和侧面入渗进入土壤，但随着沟底宽、入沟流量、坡度等参数的不同，单位时间的入渗量、湿润锋运移规律、土壤水分剖面分布等也发生较大的变化，最后直接影响了灌水质量和灌溉水利用率，因此，在不同灌水参数和垄沟参数组合下，开展沟灌入渗规律的研究，明确不同组合下土壤水分运动规律，为制定合理的沟灌灌水参数和垄沟参数提供科学依据。本部分主要对上述现场沟灌入渗试验的结果，从沟灌单位长度的累计入渗水量和入渗时间的关系入手，采用 Kostiakov 模型及其修正模型、Green‐Ampt 入渗模型、Philip 入渗模型和 Horton 入渗模型、Collis‐George 模型 6 种入渗模型进行拟合，对拟合效果和适用性进行评价，提出适宜的沟灌入渗模型，为进一步探索沟灌土壤水热盐运移等奠定基础。现场沟灌入渗试验单位长度累计入渗量随时间的变化过程，拟合结果见表 2.7～表 2.12。

表 2.7 不同水头 Kostiakov 模型拟合参数

处理	$K/(\text{cm}^2/\text{min}^a)$	α	Reduced Chi – Sqr	R – Square（COD）
T1	1.34 ± 0.017	0.89 ± 0.003	0.045	0.999
T2	1.28 ± 0.02	0.97 ± 0.006	0.181	0.999
T3	1.53 ± 0.03	0.99 ± 0.007	0.276	0.999
T4	3.08 ± 0.11	0.96 ± 0.01	1.267	0.997
T5	2.94 ± 0.14	1.02 ± 0.01	2.126	0.995

表 2.8 不同水头修正的 Kostiakov 模型拟合参数

处理	$K/(\text{cm}^2/\text{min}^a)$	α	C	Reduced Chi – Sqr	R – Square（COD）
T1	0.85 ± 0.04	0.70 ± 0.08	0.62 ± 0.10	0.041	0.999
T2	6.84 ± 0.71	0.99 ± 0.05	-5.56 ± 0.71	0.198	0.998
T3	0.502 ± 0.08	-1.84 ± 12.3	1.49 ± 0.003	0.303	0.999
T4	1.74 ± 1.09	-0.06 ± 0.44	2.69 ± 0.05	1.141	0.998
T5	-2.15 ± 0.84	-0.58 ± 0.39	3.11 ± 0.03	1.803	0.996

表 2.9 不同水头 Philip 模型拟合参数

处理	S	A	Reduced Chi – Sqr	R – Square（COD）
T1	0.91 ± 0.03	0.76 ± 0.006	0.048	0.999
T2	0.24 ± 0.07	1.12 ± 0.013	0.211	0.998
T3	0.09 ± 0.07	1.47 ± 0.02	0.283	0.999
T4	0.86 ± 0.26	2.58 ± 0.05	1.171	0.997
T5	-0.51 ± 0.34	3.21 ± 0.08	2.048	0.995

表 2.10 不同水头 Horton 模型拟合参数

处理	V	r	W	Reduced Chi – Sqr	R – Square（COD）
T1	2.59 ± 0.18	0.18 ± 0.02	0.84 ± 0.005	0.038	0.999
T2	1.33 ± 0.36	0.05 ± 0.003	19.94 ± 0.11	0.165	0.999
T3	0.17 ± 0.06	89.41	1.49 ± 0.007	0.294	0.999
T4	1.72 ± 0.56	1.47 ± 0.85	2.68 ± 0.02	1.132	0.998
T5	48.02 ± 0.06	12.61 ± 1.92	3.08 ± 0.006	2.246	0.995

表 2.11　　　　　　　不同水头 Collis‐George 模型拟合参数

处理	Z_0	t_c	K_c	Reduced Chi‐Sqr	R‐Square（COD）
T1	3.02±0.61	16.73±6.24	0.83±0.015	0.044	0.999
T2	5.76±1.13	26.34±2.07	1.13±0.108	0.209	0.998
T3	0.17±0.08	0.006±0	1.48±0.007	0.295	0.999
T4	1.71±0.58	4.92±2.37	2.68±0.028	1.133	0.998
T5	−0.89±0.50	0.033±0	3.13±0.037	1.966	0.995

表 2.12　　　　　　　　不同入渗模型拟合效果对比表

处理	Kostiakov 模型		Kostiakov 修正模型		Philip 模型		Horton 模型		Collis‐George 模型	
	Reduced Chi‐Sqr	R^2	Reduced Chi‐Sqr	R^2	Reduced Chi‐Sqr	R^2	Reduced Chi‐Sqr	R^2	Reduced Chi‐Sqr	R^2
T1	0.045	0.999	0.041	0.999	0.048	0.999	0.038	0.999	0.044	0.999
T2	0.181	0.999	0.198	0.998	0.211	0.998	0.165	0.999	0.209	0.998
T3	0.276	0.999	0.303	0.999	0.283	0.999	0.294	0.999	0.295	0.999
T4	1.267	0.997	1.141	0.998	1.171	0.997	1.132	0.998	1.133	0.998
T5	2.126	0.995	1.803	0.996	2.048	0.995	2.246	0.995	1.966	0.995
平均	0.779	0.998	0.697	0.998	0.752	0.998	0.775	0.998	0.729	0.998

　　由表 2.7～表 2.12 可知，除了 Green‐Ampt 模型，其余 5 个模型拟合沟灌土壤入渗单位长度累计入渗量随时间变化过程，拟合精度都比较高，说明这些模型均能很好地反映单位长度累计入渗量和入渗时间之间的关系。但从残差平方和分析，最低为修正的 Kostiakov 模型，其次为 Collis‐George 模型。综合分析各模型拟合优度，依次为：Kostiakov 修正模型＞Collis‐George 模型＞Philip 模型＞Horton 模型＞Kostiakov 模型。由此可得，修正的 Kostiakov 模型是描述沟灌自由入渗过程的最优模型。

　　Green‐Ampt 模型对沟灌入渗过程拟合效果最差，精度不高，该模型模拟结果和实际结果之间存在较大的差异，不能很好地反映西北内陆干旱地区沟灌入渗累计入渗量和入渗时间之间的相互关系，分析原因，因为土壤、灌水方式、水流运动等各因素综合作用的结果，在运用该模型进行模拟的时候，需要进一步补充完善，添加修正项，并开展大量水流运动试验矫正其各项参数，得到经验系数。

2.5.3 交汇入渗模型

为比较各模型对不同垄宽沟灌交汇入渗过程的拟合优度，对 2.3.3 节的室内交汇入渗试验结果，分别采用 Kostiakov 模型及其修正模型、Green - Ampt 模型、Philip 模型、Horton 模型、Collis - George 模型对不同垄宽试验单位长度累计入渗量和时间的变化过程进行拟合，拟合结果见表 2.13～表 2.18。

表 2.13 **不同垄宽 Kostiakov 模型拟合参数**

	处 理	$K/(cm^2/min^\alpha)$	α	Reduced Chi - Sqr	R - Square (COD)
1	垄宽 30cm	111.7±5.12	0.17±0.008	895.55	0.845
2	垄宽 30cm	88.96±4.99	0.23±0.011	775.31	0.867
3	垄宽 40cm	43.99±1.38	0.38±0.005	211.49	0.985
4	垄宽 50cm	34.43±2.35	0.36±0.01	172.21	0.943

表 2.14 **不同垄宽 Kostiakov 修正模型拟合参数**

	处 理	$K/(cm^2/min^\alpha)$	α	C	Reduced Chi - Sqr	R - Square (COD)
1	垄宽 30cm	70.97±4.11	0.32±0.01	−0.40±0.04	443.37	0.923
2	垄宽 30cm	48.48±3.16	0.46±0.02	−1.21±0.16	307.88	0.947
3	垄宽 40cm	31.14±1.39	0.52±0.01	−0.65±0.09	111.57	0.992
4	垄宽 50cm	16.86±1.33	0.68±0.05	−1.96±0.64	95.387	0.969

表 2.15 **不同垄宽 Philip 模型拟合参数**

	处 理	S	A	Reduced Chi - Sqr	R - Square (COD)
1	垄宽 30cm	38.51±0.702	−1.06±0.03	899.76	0.844
2	垄宽 30cm	43.69±0.62	−1.49±0.04	314.94	0.946
3	垄宽 40cm	32.72±0.33	−0.55±0.02	112.044	0.992
4	垄宽 50cm	24.87±0.58	−0.54±0.04	118.97	0.961

表 2.16 不同垄宽 Horton 模型拟合参数

	处理	V	r	W	Reduced Chi-Sqr	R-Square (COD)
1	垄宽 30cm	209.28±6.54	10±0	0.24±0.02	2470.08	0.523
2	垄宽 30cm	183.36±7.18	10±0	0.53±0.04	2120.60	0.600
3	垄宽 40cm	225.58±3.90	0.03±0.001	0.55±0.01	114.862	0.991
4	垄宽 50cm	109.39±5.23	10±0	0.67±0.04	461.65	0.852

表 2.17 不同垄宽 Collis-George 模型拟合参数

	处理	Z_0	t_c	K_c	Reduced Chi-Sqr	R-Square (COD)
1	垄宽 30cm	289.79±2.62	52.23±1.53	0.06±0.006	89.163	0.984
2	垄宽 30cm	285.19±5.73	55.21±2.79	0.09±0.024	135.49	0.976
3	垄宽 40cm	251.06±6.38	81.12±4.78	0.47±0.022	116.22	0.992
4	垄宽 50cm	276.80±1.18	65.73±1.11	−0.05±0.35	99.02	0.968

由表 2.13～表 2.17 可知，30cm 垄宽条件下，Kostiakov 修正模型、Collis-George 模型拟合不同垄宽的单位长度累计入渗量随时间变化过程，拟合精度都比较高，说明这两个模型均能很好地反映单位长度累计入渗量和入渗时间之间的关系；其中，拟合决定系数最高的是 Collis-George 模型，为 0.984，其次是 Kostiakov 修正模型，为 0.923；各回归模型的拟合优度表现为：Collis-George 模型＞Kostiakov 修正模型＞ Kostiakov 模型＞Philip 模型＞Horton 模型＞ Green-Ampt 模型。

40cm 垄宽条件下，除了 Green-Ampt 模型，其余 5 个模型拟合不同垄宽的单位长度累计入渗量随时间变化过程，拟合精度都大于 0.95，说明这些模型均能很好的反应单位长度累计入渗量和入渗时间之间的关系；其中，拟合决定系数最高的是 Collis-George 模型、Philip 模型和 Kostiakov 修正模型，均为 0.992，最低的是 Green-Ampt 模型；各回归模型的拟合优度表现为：Collis-George 模型＝ Philip 模型＝Kostiakov 修正模型＞Kostiakov 模型＞Horton 模型＞ Green-Ampt 模型。

50cm 垄宽条件下，Kostiakov 模型、Kostiakov 修正模型、Collis-George 模型和 Philip 模型的拟合决定系数均大于 0.90，说明这 4 个模型均能反映单位长度累计入渗量和入渗时间之间的关系；其中，拟合决定系数最高的是 Kostiakov 修正模型，为 0.969，其次是 Collis-George 模型，为

0.968；各回归模型的拟合优度表现为：Kostiakov 修正模型＞Collis -
George 模型＞ Philip 模型＞ Kostiakov 模型＞Horton 模型＞ Green -
Ampt 模型。

表 2.18 各入渗模型拟合对比

处理/垄宽		Kostiakov 模型		Kostiakov 修正模型		Philip 模型		Horton 模型		Collis - George 模型	
		Reduced Chi - Sqr	R^2	Reduced Chi - Sqr	R^2	Reduced Chi - Sqr	R^2	Reduced Chi - Sqr	R^2	Reduced Chi - Sqr	R^2
1	30cm	895.55	0.845	443.37	0.923	899.76	0.844	2470.08	0.523	89.163	0.984
2	30cm	775.31	0.867	307.88	0.947	314.94	0.946	2120.60	0.600	135.49	0.976
3	40cm	211.49	0.985	111.57	0.992	112.044	0.992	114.862	0.991	116.22	0.992
4	50cm	172.21	0.943	95.387	0.969	118.97	0.961	461.65	0.852	99.02	0.968
平均值		513.64	0.910	239.55	0.958	361.42	0.936	1291.79	0.742	109.97	0.980

由表 2.18 可知，不同垄宽入渗过程回归模型的拟合优度存在差异，
拟合的平均决定系数最高的是 Collis - George 模型，为 0.980；其次是 Ko-
stiakov 修正模型，平均决定系数为 0.958；最低的是 Green - Ampt 模型，
平均决定系数为 0.599。综合各个模型拟合优度，依次为：Collis - George
模型＞Kostiakov 修正模型＞ Philip 模型＞ Kostiakov 模型＞Horton 模型。
由此可得，Collis - George 模型是描述沟灌交汇入渗的最优模型。Green -
Ampt 该模型对沟灌入渗过程拟合效果最差，精度不高，该模型模拟结果
和实际结果之间存在较大的差异，不能很好地反应沟灌累计入渗量和入渗
时间之间的相互关系。

从上述分析可知，在沟灌二维自由入渗阶段，入渗规律更适合修正的
Kostiakov 模型，但进入交汇入渗阶段，入渗规律更适合 Collis - George
模型。

关于垄作沟灌入渗模型，后面的研究将会经常用到。为了应用方便，
以后的章节所指入渗量均为单位沟长累计入渗量，单位简化为 cm²。

第 3 章　垄作沟灌土壤水分运动模拟

数值模拟的方法，可以假定不同情景的灌水，对灌水后的入渗效果与水分运动进行评价，对比分析不同垄沟参数（沟深、沟宽、垄宽）对灌水效果的影响。本章主要介绍如何在土壤水分运动参数测定基础上，建立春小麦垄作沟灌二维土壤水分运动计算机模型，进行干旱区春小麦垄作沟灌入渗与水分运动数值模拟，分析不同垄沟参数（沟深、沟宽、垄宽）情况下土壤水分动态及灌溉水入渗规律。

3.1　垄作沟灌二维土壤水分运动模型

3.1.1　沟灌二维土壤水分运动动力学方程

沟灌入渗简化模型见图 3.1。由图 3.1 看出，沟灌入渗既有沟底垂向入渗，也有沟侧水平方向入渗，属于二维非饱和土壤水分运动。假设土壤为各向同性、均质的多孔介质，土壤内部不考虑气阻和温度的影响，忽略蒸发对入渗的影响，湿润区任何一点土壤含水量均接近饱和含水量 θ_s，根据质量守恒定律和非饱和达西定律，土壤水分运动的偏微分方程为

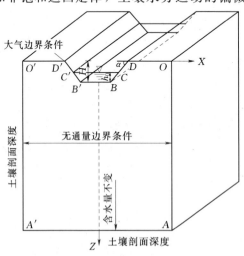

图 3.1　沟灌入渗简化模型简图

$$\frac{\partial \theta}{\partial t} = \frac{\partial}{\partial x}\left[D(\theta)\frac{\partial \theta}{\partial x}\right] + \frac{\partial}{\partial z}\left[D(\theta)\frac{\partial \theta}{\partial z}\right] - \frac{\partial K(\theta)}{\partial z} \tag{3.1}$$

式中：θ 为土壤体积含水量，cm^3/cm^3；t 为时间；$D(\theta)$ 为非饱和土壤水的扩散率，cm^2/min；$K(\theta)$ 为非饱和土壤的导水率，cm/min。

3.1.2　定解条件

沟灌入渗条件下土壤水分运动的定解条件如下：

(1) 初始条件。

$$\theta(x,z,t) = \theta_0(x,z,t) \quad (0 \leqslant x \leqslant X, 0 \leqslant z \leqslant Z, t=0) \tag{3.2}$$

式中：θ_0 为土壤的初始含水率，cm^3/cm^3；X、Z 为模拟计算区域的横向和垂向最大距离，cm。

(2) 边界条件。图 3.1 所示为沟灌土壤水分运动计算模型简图，x、z 为平面坐标，z 轴以向下为正。计算域左右两个边界 OA 和 $O'A'$ 为对称线，水平通量为零，沟壁水面以上部分 CD 和 $C'D'$ 边界上通量也为零，地面线 OD 和 $O'D'$ 上垂直通量为零；沟底 BC 和 $B'C'$、BB' 边在灌水过程中满足定水头边界；下边界 AA' 为固定含水量，满足 $\theta = \theta_0$。综上所述，其边界条件可总结为

$$\begin{cases} h(x,z) = z - (H - h_0) & 0 \leqslant t \leqslant t_e \quad BC、B'C'和BB' \\ \dfrac{\partial \theta}{\partial x} = 0 & 0 \leqslant t \quad OA 和 O'A' \\ -D(\theta)\dfrac{\partial \theta}{\partial z} + K(\theta) = 0 & 0 \leqslant t \quad OD 和 O'D' \\ D(\theta)\dfrac{\partial \theta}{\partial x}\cos\alpha + \left[D(\theta)\dfrac{\partial \theta}{\partial z} - \partial k(\theta)\right]\sin\alpha = 0 & 0 \leqslant t \quad CD 和 C'D' \\ \theta = \theta_0 & 0 \leqslant t \quad AA'边 \end{cases}$$

$$\tag{3.3}$$

式中：h_0 为灌水沟中水深，cm；H 为沟深，cm；t_e 灌溉停水时间，min。

3.2　模型求解与验证

3.2.1　模型求解方法——HYDRUS-2D

HYDRUS-2D 是一个可用来模拟地下滴灌土壤水流及溶质二维运动的有限元计算模型。该模型的水流状态为二维或轴对称三维等温饱和-非

饱和达西水流，忽略空气对土壤水流运动的影响，水流控制方程采用修改过的 Richards 方程，即嵌入汇源项以考虑作物根系吸水。程序可以灵活处理各类水流边界，包括定水头和变水头边界、给定流量边界、渗水边界、自由排水边界、大气边界以及排水沟等。水流区域本身可以是不规则水流边界，甚至还可以由各向异性的非均质土壤组成。

通过对水流区域进行不规则三角形网格剖分，控制方程采用伽辽金线状有限元法进行求解。无论饱和或非饱和条件，对时间的离散均采用隐式差分。采用迭代法将离散化后的非线性控制方程组线性化。

对于非饱和土壤水力特性，HYDRUS - 2D 采用 VG 模型进行描述，嵌入了 Scott（1983）、Kool 和 Parker（1987）经验模型中的假定：吸湿（脱湿）扫描线与主吸湿（脱湿）曲线成比例变化，并运用一个比例程序，将用户定义的水力传导曲线与参考土壤相比较，通过线性比例变换，在给定的土壤剖面近似水力传导变量。

HYDRUS - 2D 程序模块可以顺序嵌套调用，由以下七个基本模块组成：

（1）HYDRUS - 2D：主程序，定义系统的整个计算机环境。它控制整个程序的运行过程，根据需要调用相应的子程序模块。程序执行前，首先需选定模拟选项，包括水流、溶质运移、热运移或是否考虑根系吸水等；然后给定时空单位、土壤水力参数以及用来模拟的边界条件。程序执行后，可输出一系列土壤水力特性曲线、设定观测点处随时间变化的含水率或负压水头曲线，以及沿边界的实际或累积水通量。输出文件还可提供质量平衡信息和逆向最优结果。

（2）Project Manager：该模块用来管理已建立的工程数据，包括打开、删除、重命名工程和保存工程的输入输出数据等。每个工程可能是针对不同的具体问题，Project Manager 会自动将每个工程单独建立一个以工程名命名的文件夹保存相应的工程数据。

（3）GEOMETRY：该模块是一个可用鼠标或键盘图绘水流区域并输出的 CAD 程序，也可通过导入二进制文件的方式实现。水流边界可以由直线、圆、弧或多义线等不同曲线组成；内部边界也可由内部曲线给定，如排水沟、井等。另外，还可以对已绘区域进行修改，如删除、复制、移动、旋转等操作。

（4）MESHGEN2D：该模块用来将二维的水流区域离散成不规则的三角形网格。第一步：边界离散化，边界结点数和其密度可由用户自行确定。第二步：整个水流区域的基于 Delaunay 规则的三角形离散化。按照默认的光滑因子，可以将指定的水流区域自动生成最优的三角形有限元网格，例如对于指定的边界结点，它可以生成最小的三角形单元剖分。

（5）BOUNDARY：该模块用来让用户给定特定情况的初始和边界条件，以及取定观测点等。

（6）HYDRUS2：该模块是一个可用来模拟二维非饱和土壤水运动的FORTRAN程序。模型可求解含根系吸水源汇项的Richards方程，可以灵活处理各类水流边界，包括定水头和变水头边界、给定流量边界、渗水边界、自由排水边界、大气边界以及排水沟等。针对离散化控制方程后的系数矩阵的不同形式，采用了不同的求解方法，例如带状矩阵对应高斯消去法；对称矩阵对应共轭梯度法；非对称矩阵，对应ORTHOMIN法。

另外，该程序升级版本还包含了一个参数最优算法，可对各种土壤水力参数从几个观测的数据出发进行逆向估计。对于土壤含水率或负压水头数据，采用了Marquardt-Levenberg非线性最优化技术估算土壤水分特征曲线中的经验参数；对于持水或导水率数据，则将待优参数通过罚函数约束在某个可行区域（贝叶斯估计），然后寻求最优。

（7）GRAPHICS：该模块用来将输出结果表示成图形。包括等值线图、光谱图、流速矢量图以及等值线图和光谱图的随时间变化的动画显示等。

3.2.2 模型验证

为检验模型适用性和可靠性，采用第2章室内模型入渗试验结果对模型进行模拟验证。模拟采用HYDRUS-2D软件，模拟土壤初始含水量砂质黏壤土为$0.08cm^3/cm^3$，黏土为$0.12cm^3/cm^3$，模拟土壤干容重砂质黏壤土$1.45g/cm^3$、$1.50g/cm^3$，黏土$1.40g/cm^3$、$1.50g/cm^3$，计算单元划分由计算机自动生成，模拟初始与最小时间步长均为0.05 min，含水量与吸力公差分别为0.001 cm^3/cm^3 和0.1 cm 水柱，最大迭代次数30，模拟时间砂质黏壤土为780 min，黏土为2000min。利用四个不同土壤的沟灌二维入渗数值模拟结果作图，对比模拟沟灌与沟灌试验的入渗过程即累计入渗量曲线图、湿润锋推进过程、土壤水分分布，分析各因素对模拟的影响。对比结果如图3.2~图3.13所示。

从图3.2至图3.13可以看出，两种土质沟灌入渗过程模拟值比实测值要大，原因可能是由于土壤水分运动参数软件所求得的参数与实际参数有一定的差异。并且含水率分布图模拟曲线较实测曲线要光滑得多，这主要由于模拟模型假定为均质土壤，而沟灌入渗试验土样在装填过程中可能夯捣不实，因而产生误差。

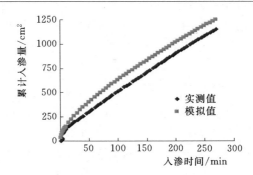

图 3.2　干容重 $\gamma_d = 1.45\text{g}/\text{cm}^3$ 砂质黏壤土
实测与模拟累计入渗量

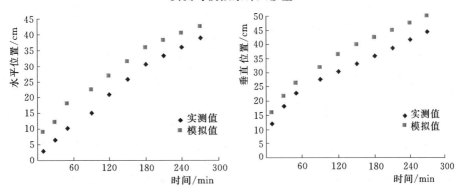

图 3.3　干容重 $\gamma_d = 1.45\text{g}/\text{cm}^3$ 砂质黏壤土湿润锋位置与时间关系

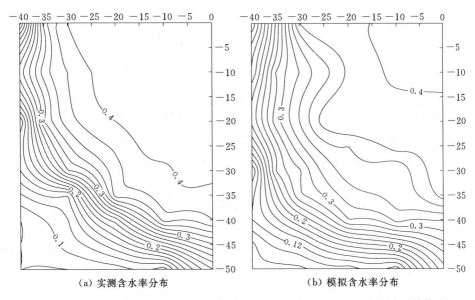

（a）实测含水率分布　　　　　　（b）模拟含水率分布

图 3.4　$T = 270\text{min}$ 干容重 $\gamma_d = 1.45\text{g}/\text{cm}^3$ 砂质黏壤土实测与模拟土壤含水量等值线图

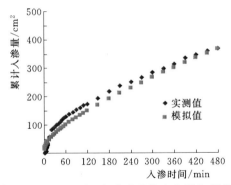

图 3.5 干容重 $\gamma_d = 1.50 \text{g/cm}^3$ 砂质黏壤土实测与模拟累计入渗量

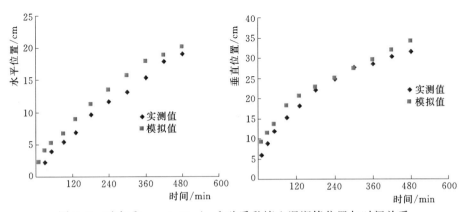

图 3.6 干容重 $\gamma_d = 1.50 \text{g/cm}^3$ 砂质黏壤土湿润锋位置与时间关系

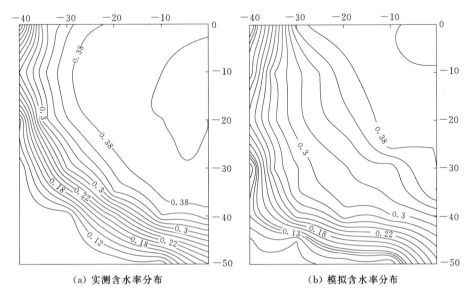

（a）实测含水率分布　　　　　　　　（b）模拟含水率分布

图 3.7 $T = 480 \text{min}$ 干容重 $\gamma_d = 1.50 \text{g/cm}^3$ 砂质黏壤土实测与模拟土壤含水量等值线图

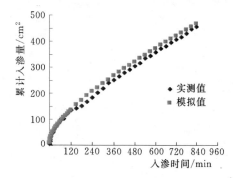

图 3.8　干容重 $\gamma_d = 1.40 \text{g/cm}^3$ 黏土实测与模拟累计入渗量

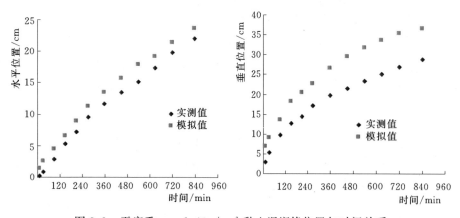

图 3.9　干容重 $\gamma_d = 1.40 \text{g/cm}^3$ 黏土湿润锋位置与时间关系

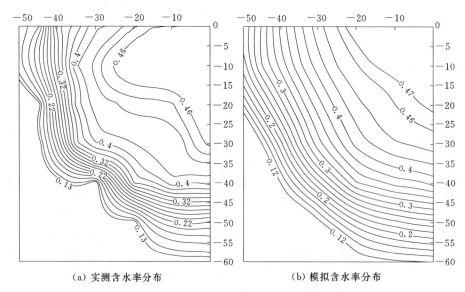

图 3.10　$T = 840 \text{min}$ 干容重 $\gamma_d = 1.40 \text{g/cm}^3$ 黏土实测与模拟土壤含水量等值线图

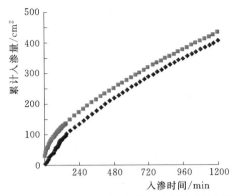

图 3.11 干容重 $\gamma_d = 1.50\text{g/cm}^3$ 黏土实测与模拟累计入渗量

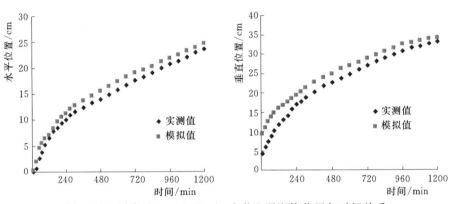

图 3.12 干容重 $\gamma_d = 1.50\text{g/cm}^3$ 黏土湿润锋位置与时间关系

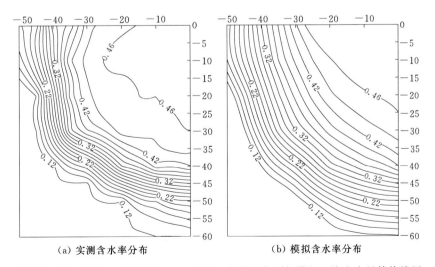

（a）实测含水率分布   （b）模拟含水率分布

图 3.13 $T = 1200\text{min}$ 干容重 $\gamma_d = 1.50\text{g/cm}^3$ 黏土实测与模拟土壤含水量等值线图

（1）从图 3.2 至图 3.5 砂质黏壤土沟灌累计入渗量、湿润位置、含水量分布模拟值与实测值对比可以看出，干容重 $\gamma_d = 1.45\text{g/cm}^3$ 砂质黏壤土累计入渗量、水平向和竖直向湿润锋有明显的差异，含水量分布模拟与实测结果吻合较好，其余参数模拟结果与实测结果吻合较好，表明模型和其求解算法是可靠的。

（2）图 3.6～图 3.8 为黏土沟灌累计入渗量、湿润位置、含水量分布模拟值与实测值对比图。由图 3.6～图 3.8 可以看出，干容重 $\gamma_d = 1.40\text{g/cm}^3$ 黏土数值模拟的沟灌累计入渗量、含水率分布模拟值与实测值之间有差异不是很大，而水平向和竖直向湿润锋有明显的差异，最大的差异点是黏土沟灌入渗过程的湿润锋运移位置实测值低于模拟值，其余参数模拟结果与实测结果吻合较好，表明模型和其求解算法是可靠的。

3.2.3　精度评价

为了更加直观地评价模型模拟的精确程度，利用统计分析方法对模拟结果进行评价，具体指标包括模型预测值与实测值之间决定系数 R^2（Coefficient of Determination）和均方根误差 $RMSE$（Root Mean Square Error）。对砂质黏壤土和黏土入渗特征量的决定系数 R^2 和均方根误差 $RMSE$ 进行计算统计，结果见表 3.1。

$$R^2 = 1 - \frac{\sum_{i=1}^{n}(O_i - S_i)^2}{\sum_{i=1}^{n}(O_i - \overline{O_i})^2} \tag{3.4}$$

$$RMSE = \sqrt{\frac{\sum_{i=1}^{n}(O_i - S_i)^2}{n}} \tag{3.5}$$

式中：S_i 为模拟值；O_i 为实测值；$\overline{O_i}$ 为实测值平均数；n 为取样总数。

表 3.1　　　　　　模拟结果相关系数和均方根误差统计

土壤质地	干容重 /(g/cm³)	检验指标	累计入渗量 /cm²	湿润锋位置/cm	
				水平向	竖直向
砂质 黏壤土	1.45	R^2	0.998	0.998	0.998
		$RMSE$	1934.85	5.754	5.328
	1.50	R^2	0.979	0.994	0.965
		$RMSE$	435.78	0.924	1.965

土壤质地	干容重 /(g/cm³)	检验指标	累计入渗量 /cm²	湿润锋位置/cm	
				水平向	竖直向
黏土	1.40	R^2	0.905	0.951	0.945
		RMSE	241.50	6.216	7.087
	1.50	R^2	0.994	0.998	0.998
		RMSE	725.43	1.290	3.070

从表 3.1 中可以看出，被模拟土壤累计入渗量实测值和模拟值决定系数 R^2 为 0.905～0.998，不同干容重的砂质黏壤土和黏土的累计入渗量实测值和模拟值决定系数 R^2 值均在 0.90 以上，说明实测值与模拟值的相关性显著。被模拟土壤水平向湿润锋位置的实测值和模拟值决定系数 R^2 在 0.924～0.998 之间变化，竖直向湿润锋位置的实测值和模拟值决定系数 R^2 在 0.945～0.998 之间变化，说明湿润锋位置的实测值与模拟值相关性显著。对均方根误差 RMSE 进行分析看出，累计入渗量在 241.50～1934.85cm² 之间变化，水平向湿润锋位置在 0.924～5.754cm 之间变化，垂直向湿润锋在 1.965～7.087cm 之间变化。其中，干容重 $\gamma_d = 1.45$g/cm³ 的砂质黏壤土累计入渗量实测值和模拟值均方根误差较大，其他被模拟土壤累计入渗量实测值和模拟值均方根误差较小；各模拟土壤水平向湿润锋位置和垂直向湿润锋位置的实测值和模拟值均方根误差均较小。综合累计入渗量与湿润锋位置模拟误差分析结果，说明用该模型进行沟灌入渗土壤水分运动模拟，能满足精度要求。模拟土壤含水量实测值与模拟值误差分布为 0.038～0.052cm³/cm³，相对误差较低。

3.3　垄作沟灌二维土壤水分运动模拟

沟灌土壤水分入渗模拟主要目的是揭示沟灌水分运移与入渗规律，研究不同垄沟参数的灌水质量，提出优化垄沟参数。根据研究区土壤性质、农机具情况和地方种植习惯，确定对砂质黏壤土、黏土两种土壤不同干容重情况下沟灌入渗进行模拟。共设定三组模拟方案，分别是不同土壤情况下梯形沟的入渗模拟、不同沟形砂质黏壤土的入渗模拟、不同土壤梯形沟土壤水分再分布模拟。

3.3.1　模拟方案

3.3.1.1　不同土壤情况下梯形沟的入渗模拟

根据研究区土壤性质、农机具情况和地方种植习惯，确定对砂质黏壤土、黏土两种土壤干容重 $\gamma_d = 1.45 g/cm^3$ 情况下沟灌入渗进行模拟，模拟方案见表 3.2。模拟中假定模拟土壤为均质且各向同性，初始含水量按小麦生长适宜最低含水量确定，砂质黏壤土 $0.177 cm^3/cm^3$，黏土 $0.205 cm^3/cm^3$。单元划分由计算机自动生成，模拟初始与最小时间步长均为 0.05min，含水量与吸力公差分别为 $0.001 cm^3/cm^3$ 和 0.1cm 水柱，最大迭代次数 30，模拟时间砂质黏壤土为 780min，黏土为 2000min。模型的具体求解参见 Hydrus - 2D 软件应用文献。

表 3.2　　　　　　　　　不同土壤沟灌入渗模拟方案表

方案	沟底宽 /cm	沟深 /cm	坡比	沟口宽 /cm	垄宽 /cm	沟间距 /cm	水深 /cm
Trape1	15	15	1:1	45	30	75	14
Trape2	15	15	1:1	45	35	80	14
Trape3	15	15	1:1	45	40	85	14
Trape4	15	15	1:1	45	45	90	14

3.3.1.2　不同沟形砂质黏壤土的入渗模拟

为了研究沟形及水深对灌溉水入渗的影响，以砂质黏壤土 $\gamma_d = 1.45 g/cm^3$ 为例，制定不同形状梯形和 V 形沟方案 5 个，模拟沟灌入渗与土壤水分运动，初始含水量为 $0.177 cm^3/cm^3$，模拟方法同前，模拟时间为 780min。具体模拟方案见表 3.3。

表 3.3　　　　　　　　　不同断面沟灌入渗模拟方案表

方案号	沟底宽 /cm	沟深 /cm	沟坡	沟口宽 /cm	垄宽 /cm	总沟间距 /cm	水深 /cm	备注
Trian20	0	20	1:1	40	60	100	18	V 形
Trian13.5	0	15	1:1	40	60	100	13.5	V 形
Trian15	0	15	1:1	30	60	90	13.5	V 形
Trape15	15	15	1:1	45	60	105	13.5	梯形
Trape20	20	15	1:1	50	60	110	13.5	梯形

3.3.1.3　土壤水分再分布模拟

土壤水分再分布模拟仍假定模拟土壤为均质且各向同性，模拟以梯形沟为例，分别对两种土壤 $\gamma = 1.45 \text{g/cm}^3$ 的灌溉水入渗与再分布进行模拟，对比分析土壤质地对灌溉水再分布的影响，垄（沟）参数为：沟宽 15cm，沟深 15cm，垄宽 60cm，沟边坡 1：1，沟中水深 13.5cm。

灌溉水入渗模拟初始含水量砂质黏壤土为 0.177cm³/cm³，黏土为 0.205cm³/cm³，具体模拟方法同前，模拟时间砂质黏壤土为 780min，黏土为 5000min。再分布模拟初始条件为灌水停止时刻的实际水分剖面，单元剖分与模拟步长、公差等与灌溉入渗模拟时相同。

3.3.2 沟灌入渗土壤水分分布

3.3.2.1 土壤水分分布

通过对表 3.2 中拟定方案进行模拟，分析各时刻土壤水分剖面，可以看出，沟灌土壤水分入渗分为两个阶段，初期为自由入渗，湿润体为半球体，但随着入渗时间增长，相邻两沟水平向湿润锋发生交汇，入渗逐渐由二维入渗变为垂直向一维入渗（图 3.14 和图 3.15）。发生交汇的时间与沟间距和土壤性质有关，沟间距越小，发生时间越早；土壤扩散性能越强，越容易发生交汇。交汇入渗能提高横向灌水均匀度，因此对春小麦等密植作物垄作沟灌而言，交汇时间是决定沟（垄）参数的重要依据。分析模拟土壤水分分布，确定各方案的交汇时间见表 3.4。

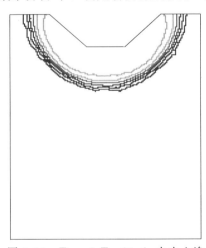 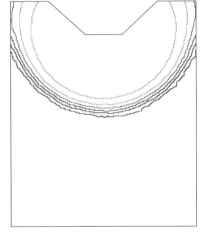

图 3.14　Trape1 $T = 60$min 自由入渗　　　图 3.15　Trape1 $T = 200$min 交汇入渗
土壤水分剖面　　　　　　　　　　　土壤水分剖面

对表 3.4 中各模拟方案的模拟结果进行分析，沟灌土壤水分入渗两个阶段转化所需时间与土壤质地、沟间距等密切相关。同样沟形与沟间距情况下，黏土比砂质黏壤土发生交汇入渗所需的入渗时间要长。同样的沟间距75cm处理，砂质黏壤土发生交汇所需的入渗时间为60min，而黏土则需要1530min（约25.5h），沟间距最大的90cm处理，砂质黏壤土发生交汇所需的入渗时间为180min（即3h），而黏土所需入渗时间为1800 min（约30h）以上。

表3.4　　　　　　　　　沟灌入渗交汇时间

方案	砂质黏壤土		黏　土	
	交汇时间 T /min	垂直向湿润锋 Z /cm	交汇时间 T· /min	垂直向湿润锋 Z /cm
Trape1	60.0	37.0	1530.0	48.9
Trape2	100.0	41.9	>1800	>51.5
Trape3	140.0	49.7	>1800	>51.5
Trape4	180.0	54.0	>1800	>51.5

3.3.2.2　湿润锋推进过程

沟灌土壤水入渗湿润锋推进与沟型、沟中水深、土壤性质等有关。图3.16为相同沟深、不同沟底宽灌水沟的垂直向湿润锋推进过程模拟结果。

由图3.16看出，相同沟形情况下，沟的底宽越大，垂直向湿润锋推进速度就越快，两种梯形沟的推进速度明显大于V形沟的推进速度。同样绘制上述三种沟形水平向湿润锋推进过程线见图3.17。由图3.17可以看出，沟开口越大，水平向湿润锋推进越远，但如果排除沟宽影响，三种沟形侧向湿润垄体范围相同。

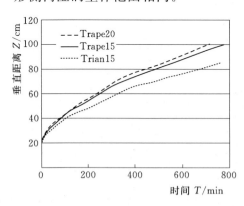
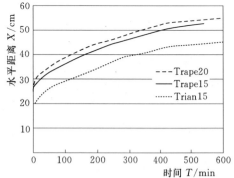

图3.16　不同底宽灌水沟垂直向　　图3.17　不同底宽灌水沟水平向
　　　　湿润锋推进过程线　　　　　　　　　湿润锋推进过程线

为了研究沟深、水深对湿润锋推进的影响，利用模拟结果绘制 V 形沟方案的垂直向湿润锋推进过程线见图 3.18。由图 3.18 看出，沟深、水深均影响垂直向湿润锋推进速度，沟深相同，水深越大，垂直向湿润推进越快；水深相同，沟越深，垂直向湿润锋推进越远。沟中灌溉水对水平向湿润锋推进的影响主要由水位来决定，无论沟的宽窄与深浅，只要水位相同，水平向湿润锋推进速度相同，湿润垄的宽度也相同，否则，水位越低，湿润垄的宽度也越小。不同沟水位 V 形沟水平向湿润锋推进过程线见图 3.19。

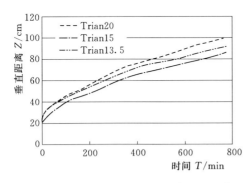

图 3.18　不同水深 V 形沟垂直向湿润锋
推进过程线

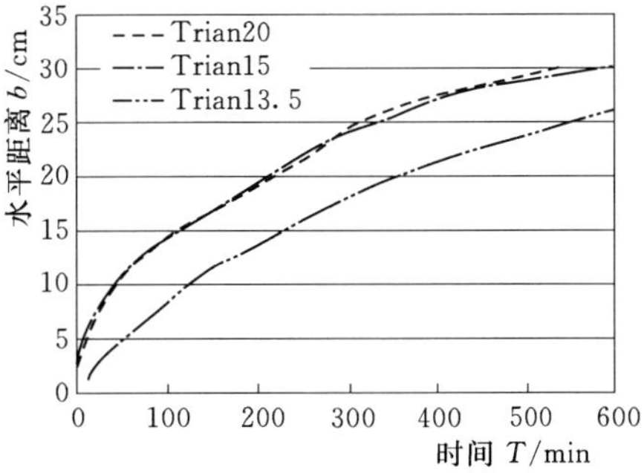

图 3.19　不同沟水位 V 形沟
水平向湿润锋推进过程线

3.3.2.3　停水后土壤水分再分布及湿润体变化

根据土壤水动力学相关理论，土壤水分始终处于运动状态。因此沟灌灌水停止后，入渗停止，但土壤内部水分运动并未停止，停水时的水分剖面将发生改变，此即停水后土壤水分再分布。土壤水分再分布主要由土壤性质、边界条件等决定，表 3.5 和表 3.6 为不同灌水量情况下两种土壤水分再分布前后湿润锋位置的对比，其中再分布开始时间为灌水停止时间，研究结束时间为湿润体中最大含水量降至田间持水量时刻。

表 3.5　　砂质黏壤土水分再分布前后湿润锋位置对比表

灌水量 w/cm^2		31	67	172	242	338	439	533	653
再分布时间 t/min		30	90	300	420	540	780	900	1080
水平湿润锋 S/cm	再分布前	24.6	26.8	28.9	31.1	33.2	35.4	37.5	39.64
	再分布后	40.0	41.5	43.0	46.0	48.5	50.5	51.5	52.5
垂直湿润锋 Z/cm	再分布前	21.0	22.5	29.2	31.6	35.5	41.1	45.4	50.0
	再分布后	23.0	28.0	37.0	41.0	48.0	56.0	60.5	68.0

表 3.6　　　　　　黏土水分再分布前后湿润锋位置对比表

灌水量 w/cm^2		113	243	436	614	838	1138
再分布时间 t/min		720	1800	3500	6000	7000	8000
水平湿润锋 S/cm	再分布前	28.1	30.9	33.8	36.6	39.4	42.2
	再分布后	38.0	40.0	43.5	45.0	45.8	46.7
垂直湿润锋 Z/cm	再分布前	21.5	30.5	41.5	51.9	60.8	74.1
	再分布后	30.5	39.0	48.0	58.5	67.0	76.0

对比表 3.5 和表 3.6 可以看出，相同灌水量情况下砂质黏壤土灌水停止后水分再分布要快于黏土，其水平与竖直向湿润锋的扩张距离也均大于黏土。由于湿润锋处的土壤含水量接近于初始含水量，不足于提供灌水间歇期作物生长的水分需求，因此适宜作物生长湿润体范围应小于湿润锋范围内湿润体。本研究中适宜生长湿润体范围确定为湿润体内重力水消失时含水量大于 80% 田间持水量 θ_f 的湿润体范围。

3.4　垄作沟灌垄沟参数优化模拟

3.4.1　入渗量及其变化规律

累计入渗量反映单位长度沟灌水的入渗总量，其计算模型是沟灌水流模拟和灌水质量评价的依据。对表 3.2 中各模拟方案的累计入渗量计算结果绘制累计入渗量曲线如图 3.20 和图 3.21 所示。

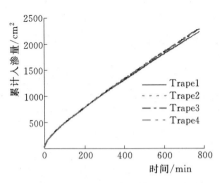
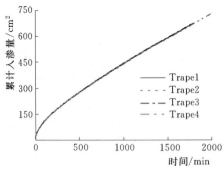

图 3.20　不同垄宽下砂质黏壤土累计入渗量与时间关系　　　图 3.21　不同垄宽下黏土累计入渗量与时间关系

由图 3.20 和图 3.21 可以看出,两种土壤沟灌入渗有相同的规律,但砂质黏壤土入渗能力要大于黏土。比较两图中 Trape4、Trape1 方案可以看出,发生交汇入渗后,累计入渗量有所减少,但减少量不大。对图 3.20 和图 3.21 所示累计入渗量进行回归分析发现,幂函数形式的 Kostiakov 公式能较好描述沟灌二维入渗的累计入渗量,但随着入渗时间增长,误差有增大趋势。两种土壤入渗量 Kostiakov 模型回归式为

$$砂质黏壤土\ \omega = 22.519t^{0.6782} \qquad R^2 = 0.9944 \qquad (3.6)$$

$$黏土\ \omega = 4.7864t^{0.5564} \qquad R^2 = 0.9967 \qquad (3.7)$$

式中:ω 为累计入渗量,cm^2;t 为入渗历,min。

3.4.2 灌水沟参数优化

不同于畦灌情况,垄作沟灌由于存在沿沟横断面方向的二维入渗,所以其横向灌水均匀度对提高灌水质量至关重要,目前关于沟灌横向均匀度的评价指标尚未建立,本节暂采用交汇入渗时垂直向湿润锋距离来衡量,交汇入渗时垂直向湿润锋距离越小,横向灌水均匀度越高,反之横向灌水均匀度越低。采用图 3.18～图 3.21 湿润锋推进过程线求得 5 个模拟方案在垄宽 30cm、40cm、50cm、60cm 时发生交汇入渗时间及与之对应的垂直向湿润锋位置见表 3.7。

表 3.7 不同垄宽沟灌入渗交汇时间及垂直向湿润锋位置

方案	交汇时间/min				垂直向湿润锋/cm			
	30cm	40cm	50cm	60cm	30cm	40cm	50cm	60cm
Trian20	115.0	220.0	315.0	540.0	46.9	58.1	68.7	84.5
Trian13.5	230.0	360.0	560.0	780.0	56.4	68.6	80.0	91.8
Trian15	120.0	213.3	333.3	600.0	41.9	48.7	61.0	76.1
Trape15	120.0	213.3	340.0	540.0	45.4	56.8	69.1	83.5
Trape20	120.0	220.0	360.0	600.0	45.6	57.8	73.5	90.9

由表 3.7 比较可以看出,相同沟深与水深情况下,V 形沟横向灌水均匀度优于梯形沟,相同断面情况下,沟中水位越高越有利于提高横向灌水均匀度。由于垄沟参数还与土壤性质有关,对于本研究中的砂质黏壤土,推荐 V 形沟,沟深 15～20cm,垄宽 30～50cm,沟坡采用松散土壤的稳定边坡 1:1,沟中水深略小于沟深;梯形沟,沟底宽小于 15cm,沟深小于

15cm，垄宽 30～50cm，沟坡边坡 1∶1，沟中水深略小于沟深。

3.4.3　合理垄宽确定

采用沟灌技术，灌水时由于充分利用了土壤水分的水平扩散作用，使得沟的湿润深度小于计划湿润深度，而垄的湿润深度满足计划湿润深度要求，从而降低平均湿润深度。沟灌灌水定额采用式（3.8）计算。

$$m = 10H(\theta_{max} - \theta_{min}) \tag{3.8}$$

式中：m 为净灌水定额，mm；H 为计划湿润深度，cm；θ_{max}、θ_{min} 为适宜土壤含水量上下限，cm³/cm³。

研究中上下限含水量确定分别考虑调亏灌溉情况和充分灌溉情况，调亏灌溉情况适宜土壤含水量上下限 θ_{max}、θ_{min} 分别取 95%θ_f、55%θ_f，充分灌溉情况适宜土壤含水量上下限 θ_{max}、θ_{min} 分别取 95%θ_f、65%θ_f，计划湿润深度 H 取 50cm。两种土壤的设计灌水定额见表 3.8。

表 3.8　　　　　　　　　　设 计 灌 水 定 额 表

土　　壤	充分灌溉/mm	调亏灌溉/mm
砂质黏壤土	48.3	64.4
黏土	55.9	74.5

研究区内小麦生育期合理的灌溉定额分别为 171.8m³/亩和 198.8m³/亩（4 次充分灌溉和 1 次调亏灌溉）。按此分别计算砂质黏壤土不同垄宽情况下灌水量，绘制灌水量与 1/2 沟距的关系，同时绘制湿润锋推进过程线与灌水量关系曲线、水分再分布后水平向适宜水分范围与灌水量关系于图 3.22 所示。分析图 3.22 中四条曲线包围的部分，即为合理灌水量情况下 1/2 沟距的适宜范围。在此范围内，灌水定额与垄宽组合可获得较高的横向灌水均匀度和灌溉水利用率，在此范围之外，若灌水定额大而垄宽小，虽横向灌水均匀度较高，但深层渗漏变大，灌溉水利用率降低；若垄宽大而灌水定额相对较小，横向灌水均匀度降低，甚至出现漏灌现象。按图 3.22 中范围进一步分析便可求得砂质黏壤土合理垄宽取值为 20～50cm。同样方法绘制黏土 1/2 沟距与灌水量的关系、湿润锋推进过程线与灌水量、水分再分布后水平向适宜水分范围与灌水量关系于图 3.23，分析求得黏土合理垄宽取值为 20～35cm。

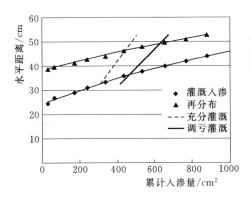

图 3.22 砂质黏壤土合理垄宽范围分析图

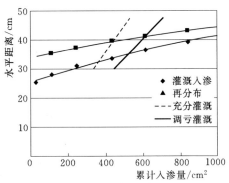

图 3.23 黏土合理垄宽范围分析图

第 4 章　垄作沟灌水流运动试验与模拟

沟灌水流在灌水沟中的运动为典型的透水底板上的明渠非恒定流，水流运动规律比畦灌更为复杂，沟灌水流在运动过程中受沟几何尺寸、糙率、坡度、流量、入渗等的影响，入渗水通过重力和毛管力的作用润湿土壤，受到土壤容重、土粒结构、耕作条件、土壤初始含水率、沟内水深等条件制约，互为前提，影响因素复杂。本研究通过大田试验与数值模拟研究以下三方面内容：

(1) 不同灌水沟底宽条件下不同入沟流量对水流推进和消退的影响。

(2) 在沟底宽为同一水平时，不同水头对沟灌灌水入渗的影响。

(3) 建立在各种情形下沟灌水流推进和消退模型。

4.1　垄作沟灌水流运动试验观测

4.1.1　试验设计

试验主要研究沟灌水分运移，包括不同沟底宽和水头下模拟灌水沟入渗试验与不同沟底宽及入沟流量条件下的沟灌水流推进和消退试验。

为了控制试验变量，更好地掌握不同垄沟参数和灌水参数对水流推进和消退的影响，使得到的推进和消退模型更准确，水流推进试验灌水量计算公式为

$$m = 667H\gamma p(\theta_{max} - \theta_{min}) \tag{4.1}$$

式中：m 为灌水定额，$m^3/$亩；γ 为土壤干容重，g/cm^3；θ_{max}、θ_{min} 分别为田间灌水的适宜田间含水量上限和适宜田间含水量下限（均为重量百分比），一般在实际工程中这两极限值分别取值为田间持水量的 95% 和 65%；p 为设计土壤湿润比，沟灌一般取为 80%～90%；H 为计划湿润层深度，本次由于主要试验目的为观测水流推进和消退，以及试验结束后土壤水分沿着灌

水沟纵向和横向湿润峰的运移距离，因此计划湿润层取值为0.5m。

4.1.2 试验方法

水流推进试验于秋收后裸地进行，试验区域的面积为750m^2，试验区主要以砂质黏壤土和黏土为主，其他物理参数见表2.1，灌溉水源为当地深层地下水。试验区田面用激光平整，控制田面坡度为1/1000，灌水沟采用梯形断面，沟深均设为20cm，试验主要按照沟底宽设置0cm、10cm、15cm共3个水平处理，灌水沟边坡均为1:1，流量设置1.5L/s、1.0L/s、0.75L/s三个梯度，用水表和秒表控制流量，共9个处理，每个处理设置3个重复，每条沟灌入总水量为2.87m^3，灌水沟长度60m，从沟首开始每10m立一标尺，记录水流前锋推进至该处的时间及相应时刻各标尺处的水深，并且在整个试验过程中每5min记录一次标尺处的水深，即可得到大田水流推进与消退的实测资料。试验灌水结束后，沿着灌水沟纵向选择6个点，向采用土钻法分8层取土样，用烘干法测定其含水量。具体试验组见表4.1。

表4.1　　　　　　　　水流推进试验处理

组数	沟底宽/cm	流量/(L/s)	纵坡/%	沟长/m	总水量/m^3	沟深/cm	质量含水率/%
1	0	0.75	1/1000	60	2.87	20	11.2
2	0	1.0	1/1000	60	2.87	20	10.2
3	0	1.5	1/1000	60	2.87	20	12.4
4	10	0.75	1/1000	60	2.87	20	11.5
5	10	1.0	1/1000	60	2.87	20	11.7
6	10	1.5	1/1000	60	2.87	20	13.5
7	15	0.75	1/1000	60	2.87	20	12.9
8	15	1.0	1/1000	60	2.87	20	10.8
9	15	1.5	1/1000	60	2.87	20	11.6

沟灌是一种古老的地面灌溉方式，对其研究早在20世纪30年代就有报道，但是由于当时局限于烦琐的数学计算和推导以及灌溉理论不够成熟等，所以在形成初步研究成果之后发展缓慢。沟灌作为一种目前全世界普

遍采用的灌溉方式，特别是宽行距和中耕作物对沟灌的适应性以及沟灌自身的优点，使得沟灌成为地面灌溉中被采用最多的灌水方式。

沟灌水流在灌水沟中的运动为典型的二维入渗，水流运动理论比畦灌更为复杂，沟灌水流在运动过程中受重力和毛管力的作用润湿土壤，水分在运移的过程中不仅受到土壤容重、土粒结构、田面坡度、耕作条件、土壤初始含水率、沟底宽、湿周、沟内水深等条件影响和制约，而且受到入沟流量、水温水质等灌水参数和种植参数的影响，影响因素复杂。而且各影响因素之间属于互相影响和互相转化的交替多重影响，为沟灌水流运移的研究带来了诸多不便，所以沟灌水分运移是一个非常复杂的变化过程。本研究通过大田试验和室内数值模拟相结合的方法来简便快速地解决干旱地区沟灌水分运移的动态变化过程，为沟灌在该地区的推广运用打下坚实的基础。试验的主要内容有以下几个方面：

（1）不同灌水沟底宽条件下不同入沟流量对水流推进和消退的影响。

（2）在相同入沟流量的条件下，不同沟底宽对沟灌灌水沟中水流推进与消退的影响。

（3）在沟底宽为同一水平时，不同水头对沟灌灌水沟中水流推进与消退的影响。

（4）建立在各种情形下沟灌水流推进和消退模型。

试验在甘肃省水利科学研究院民勤节水农业暨生态建设试验示范基地进行，时间为 2013 年 8—9 月，试验共持续 2 个月，于 9 月底全部结束。严格按照试验设计在秋收后的裸地上进行，在原有灌水沟的基础上按照试验处理修整建沟灌水，为了防止不同处理灌水沟水分入渗交汇的影响，在不同处理的灌水沟中间隔一条缓冲沟，用塑料软管输送灌溉水量至试验灌水沟，在塑料管上安装水表，结合秒表控制入沟流量。

4.2　水流运动过程分析

4.2.1　水流推进试验结果

本水流推进试验设计为两因素组合的正交试验，每个因素分为 3 个处理，每个处理设置 3 个重复。选择不同垄沟参数和灌水参数组合，垄沟参数主要体现在灌水沟沟底宽不同，试验设置 0cm、10cm、15cm 三个处理，每个处理 3 个重复，灌水参数主要体现在入沟流量的不同，分为 1.5L/s、

1.0L/s、0.75L/s 三个梯度，每个处理 3 个重复，共计 9 个处理，27 组试验，不同组合水流推进时间见表 4.2。

表 4.2 　　　　　　　试验各组水流推进时间表　　　　　　单位：s

距离/m 组数	0	10	20	30	40	50	60
1	0	58	132	204	367	532	698
2	0	72	216	360	540	756	1044
3	0	108	252	432	720	1116	1728
4	0	53	150	300	465	659	810
5	0	112	251	429	684	936	1260
6	0	121	274	471	791	1203	2019
7	0	61	193	341	502	702	913
8	0	145	289	476	765	1011	1386
9	0	201	318	523	804	1292	2114

注 表中 1、2、3 组为沟底宽 0cm 推进时间，4、5、6 组为沟底宽 10cm 推进时间，7、8、9 为沟底宽 15cm 推进时间。

4.2.2　水流推进过程分析

沟灌过程中水流推进属于典型的透水底板上的明渠非恒定流，沟灌灌溉水流的入渗界面为灌水沟底面与侧面的连续田面，其水流运动受多因素的影响，大体可以分为土壤、耕作条件、田面覆盖等几个方面，本试验在秋收后，将田面翻新和修整，尽量保持设计因子以外的其他条件一致，可以用田面糙率来体现影响沟灌水流运动的诸多不确定因素。糙率通常定义为田块表面的粗糙程度，糙率是反应田面粗糙情况的一个综合性系数，是影响沟灌水流推进的重要水力参数，其取值一般为 0.04～1.0，在不同的种植情况和田间农业技术措施下，田间糙率系数的变化很大。目前国内外学者提出许多推求方法，刘作新提出了利用田面水流推进时间和距离的迭代法，王成志等利用曼宁公式计算沟灌过程中的田面糙率，其精度能较好地满足一般田间水力计算和优化灌溉设计，计算公式为

$$n = \frac{AR^{2/3}J^{1/2}}{Q} \tag{4.2}$$

式中：A 为过水断面面积，m^2；R 为水力半径，m；J 为连续两测点之间的水力坡度。本试验采用曼宁公式计算田面糙率系数，不同试验处理所对应的糙率系数见表 4.3。

表 4.3　　　　　　　　不同试验处理所对应的糙率系数

沟底宽/cm	0	10	15
$J/\%$	1/1000	1/1000	1/1000
$Q/(\text{L/s})$	1.5	1.5	1.5
N	0.085	0.10	0.12

大量研究表明，地面灌溉水流流动过程中水流推进距离与推进时间基本符合幂函数关系，本试验中假定水流推进距离与推进时间也符合幂函数关系，其表达式为

$$t = px^{\alpha} \tag{4.3}$$

式中：t 为水流前锋推进所需的时间，s；x 为水流前锋距离沟口的距离，m；p、α 为拟合参数，由灌水试验资料拟合得到。对表 4.1 中的 9 组试验数据用 Orign8.0 和 Excel 数据处理软件分析，可以得到对应不同垄沟参数和灌水参数条件下的水流推进趋势线，如图 4.1～图 4.4 所示。

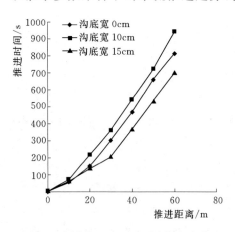

图 4.1　流量为 1.5L/s 不同沟底宽处理
水流推进过程

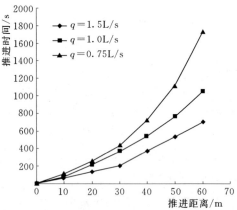

图 4.2　沟底宽为 0cm 不同流量处理
水流推进过程

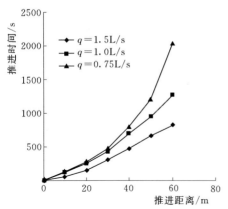

图 4.3 沟底宽为 10cm 不同流量处理
水流推进过程

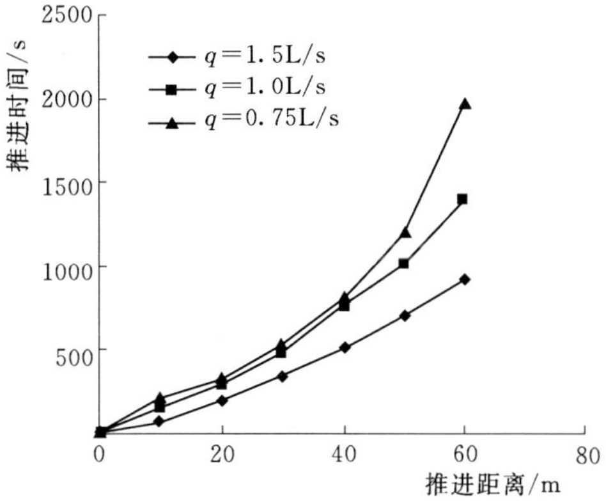

图 4.4 沟底宽为 15cm 不同流量处理
水流推进过程

由图 4.1～图 4.4 可以看出，在沟灌灌水沟中水流推进基本符合幂函数规律，这与前人的研究结果一致。对图 4.1 中的水流推进时间与水流推进距离的关系用 Origin8.0 软件做回归分析，可以得到式（4.2）中的各项参数，具体见表 4.4。

表 4.4　　　　　　不同沟底宽实测水流推进曲线 p、α 拟合表

沟底宽/cm	0	10	15
p	3.598	3.031	2.895
α	1.266	1.372	1.416
R^2	0.993	0.982	0.988

注　表中的 R^2 为决定系数。

由图 4.1 和拟合结果表 4.4 可以看出，在入沟流量均为 1.5L/s 时，不同沟底宽水流推进时间与推进距离均符合幂函数规律，但是不同沟底宽对沟灌灌水沟水流推进影响差异非常显著，沟底宽为 0cm 的水流推进速度最快，沟底宽为 10cm 的灌水沟水流推进速度次之，沟底宽为 15cm 的灌水沟水流推进速度最慢。可以看出，水流前锋在推进至距离沟首 20m 处的时间沟底宽为 0cm 的最快，为 132s，沟底宽为 10cm 和沟底宽为 15cm 分别慢 13.6% 和 46.2%。水流推进至沟尾的时间也具有相同的规律，沟底宽为 0cm 的推进时间最快为 698s，沟底宽为 10cm 和 15cm 的分别为 810s 和 913s，分别比沟底宽为 0cm 处理所耗费的时间慢 16.1% 和 30.8%。这是因为，在入沟流量相同的条件下，影响沟灌灌水沟水流推进时间的主要影

响因素为沟底粗糙程度、水流与灌水沟接触面积（用湿周表示）、土壤物理特性、灌水沟中的水势（用沟中水位表示）等参数，而在这些参数中，灌水沟中的粗糙程度、土壤物理特性等可以用糙率来概化，这一参数在修整灌水沟时尽量使各处理保持一致，也即在本水流推进试验中仅设置湿周和沟中水势为设计因子。所以在水流推进过程中沟底宽为 0cm 的处理灌溉水流与灌水沟的接触面积最小，水流在推进过程中所受的阻力最小，另外由于沟底宽为 0cm 的灌水沟沟中水深最大，水流向前推进所受的水势推力最大。相反，沟底宽为 10cm 和 15cm 的处理水流在推进过程中灌溉水与灌水沟的接触面积较大，其中沟底宽为 15cm 的最大，沟底宽为 10cm 的次之。而水势即水位，沟底宽为 15cm 沟中水深最小，水流向前推进所受的水势推力最小，因此水流推进速度最慢，沟底宽为 10cm 的次之。

　　图 4.2、图 4.3、图 4.4 均为不同沟底宽条件下，不同入沟流量对沟灌灌水沟水流推进的影响图。由图可知，不同入沟流量情况下，不同沟底宽处理水流推进距离与水流推进时间均符合幂函数关系。对图 4.2、图 4.3、图 4.4 中各处理用 Origin8.0 和 Excel 2007 软件进行非线性拟合，拟合得到的式（4.2）中的各参数见表 4.5。

表 4.5　　不同沟底宽不同入沟流量实测水流推进曲线 p、α 拟合表

沟底宽/cm	$q/(\text{L/s})$	p	α	R^2
0	1.5	3.598	1.266	0.993
	1.0	2.542	1.462	0.998
	0.75	2.102	1.399	0.987
10	1.5	3.031	1.372	0.982
	1.0	4.630	1.354	0.995
	0.75	1.496	1.549	0.998
15	1.5	2.895	1.416	0.988
	1.0	7.213	1.262	0.989
	0.75	2.044	1.496	0.998

　　注　表中 R^2 为决定系数。

　　由分析可知，不同的入沟流量条件下，不同的沟底宽处理水流推进距离和推进时间之间均符合幂函数关系，并且具有较高的决定系数。

入沟流量较小的灌水沟中水流推进速度明显较入沟流量大的沟中水流推进速度慢，这种缓慢的程度在沟底宽较小的灌水沟中的差别尤为显著，由图 4.2、图 4.3、图 4.4 以及表 4.5 中拟合的结果可知，在沟底宽为 0cm 的灌水沟中入沟流量为 1.5L/s 时水流推进速度明显快于入沟流量为 1.0L/s 和 0.75L/s，在水流推进至距离沟首 30cm 处，入沟流量为 1.5L/s 实验组的推进时间为 204s，而入沟流量为 1.0L/s 和 0.75L/s 的分别为 360s 和 432s，相比分别慢 76.5% 和 111.8%；在沟底宽为 10cm 的灌水沟中，不同入沟流量条件下的推进具有相同的规律，在入沟流量在 1.5L/s 时，沟底宽为 10cm 的灌水沟水流推进至灌水沟中部 30m 处的时间为 300s，相比入沟流量为 1.0L/s 和 0.75L/s 的处理分别快 43% 和 57%；沟底宽为 15cm 的灌水沟与沟底宽为 10cm 与 0cm 规律相同，入沟流量为 1.5L/s 的试验组水流推进至灌水沟中部 30cm 处的时间比其他两个流量的分别快 39.5% 和 53.4%。这是因为沟底宽较大，不仅湿周较大，而且垂直受水面积也较大，这就造成在沟底宽较大的情形下水流在灌水沟中流动不仅受到的阻力较大，而且入渗也较快，导致水流推进速度较慢。

4.2.3　水流消退过程分析

消退主要由入渗控制，在相同时间内的累计入渗量较大的灌水沟其消退也较快，在入渗的后期主要靠重力的作用消退，沟底宽为 15cm 的灌水沟受水面积最大，所达到的稳定入渗率也最大，所以其消退最快。不同沟底宽的灌水沟在入沟流量相同的条件下的距离沟首 20m 和 40m 处的水流消退过程如图 4.5 和图 4.6 所示。

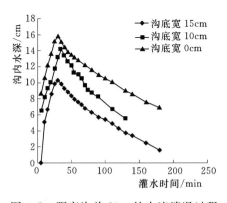

图 4.5　距离沟首 20m 处水流消退过程

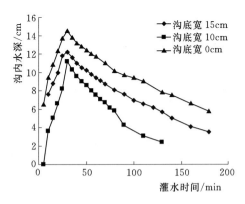

图 4.6　距离沟首 40m 处水流消退过程

4.3　沟灌水流运动数值模拟

在这诸多复杂因素影响下的沟灌水分运移研究中，考虑到试验条件不仅受到土壤、气候、水文等客观条件的制约，还受到人为操作、观测误差等因素的制约，所以在众多研究方法中寻求出一种既能反映各种因素对沟灌水分运移的影响，又能将人为试验造成的误差降低到最小的新方法，并且可解决室外大田试验费时、肥力的缺点，十分必要。经过大量学者研究表明，数值模型模拟是解决这一问题最有效的方法，这种方法不仅能在短时间内替代大量重复的大田试验，而且不会受季节和气候的影响。

4.3.1　SRFR 模型

SRFR 模型是美国农业部开发的模拟地面灌溉中沟灌、畦灌以及流域水流运动、灌溉水效率评价、灌溉费用的软件，其主要功能是通过对地面灌溉土壤物理参数、沟灌垄沟参数或者畦灌畦田参数、模拟模型选择等的人工输入，采用数值计算输出灌溉水流推进和消退、灌溉均匀度、在距离沟首（畦首）一定距离处的水深和流量、灌溉水分入渗的动态过程等结果，并根据模拟结果实时改变灌水参数和垄沟参数等，进而对灌水参数和垄沟参数进行优化组合，提出合理的灌水参数、垄沟参数以及灌溉制度等，为田间沟（畦）灌在不同地区、不同作物条件下的运用提供理论依据。

SRFR 模型的主要功能有四个：①灌水结果分析和参数估计（Event Analysis）；②田间优化布局的设计（Physical Design）；③运行最优灌溉方案（Operations Analysis）；④试验和敏感度分析的模拟（Simulation）。这四项基本功能使得 SRFR 模型在地面灌溉水分运动和田间优化设计以及灌溉制度最优化确定方面具有相当实用的功能。该模型的基本特点有：首先具有非常友好的用户界面，用户可以根据实际选择地面灌溉方式，通过对灌溉水力参数的输入有选择地提取模拟结果，其中各种参数的选择和变更也非常方便，特别适用于科研人员、设计人员以及具有相当水利知识的田间管理人员。其次是不仅可以根据实际情况选择灌溉方式，而且对田面微地形、田间土壤物理参数等的空间变异性、流量以及垄沟参数等均可以自由设置或动态实测结果直接输入。最后 SRFR 模型界面也简单易学，对初学者的学习和运用也十分方便。SRFR 模型的主要输入参数可以分为以下三个方面：

（1）系统几何参数：主要包括灌溉方式的选择、沟灌灌水沟断面选择或者畦田几何尺寸设定、上下游边界条件、灌溉系统的微地形条件等。

（2）管理参数：水价、计划湿润层深度、入（沟）畦流量、每轮灌组沟畦数、作物灌溉用水量（可以根据实测田间土壤含水量计算或者按照当地丰产经验制定）、截流方式选择（依据灌水时间和畦田长度截流）、有无回水选项等。

（3）土壤入渗参数：田面水流运动模型（本章选择修正的 Kostiakov 入渗模型）、土壤入渗参数（本章主要输入修正的 Kostiakov 入渗式中入渗系数 k、入渗指数 α 和稳定入渗率 f_0 等）、田面综合糙率等参数。

4.3.2　沟灌水流推进过程模拟

主要研究沟灌灌溉水流在灌水沟中的推进和消退过程，因此在 SRFR 模型中选择 Simulation，选择沟灌，然后根据试验设计输入各项田面参数和系统几何参数以及田间土壤参数，在该模型中采用糙率来概化田面土壤各项物理参数以及种植耕作等影响。糙率是影响田面灌溉水流运动的主要参数之一，其取值的不准确往往往会造成最后结果偏差超出实验值的 50%，甚至以上。国内外学者研究表明，在沟灌或者畦灌中田面糙率在 0.02～0.4 之间取值，糙率值随着作物的生长而变大，本试验于裸地进行，不考虑作物对糙率值的影响，本章采用王成志等提出的利用曼宁公式计算的方法，具体计算参见上节。

通过大量的试算，当实测水流推进过程与模拟水流推进过程非常接近时（相对误差控制在 5% 以内），可以对曼宁公式和田间实测的修正的 Kostiakov 入渗模型中的入渗系数 k、入渗指数 α 以及稳定入渗率 f_0 等继续校核，对田间试验实测拟合得到的沟灌灌水沟水流推进模型和不同沟底宽条件下入渗模型进行修正。将通过定水头法得到的田间入渗的各项参数以及利用灌水流量等资料推求的糙率值按要求一次输入 SRFR 模型中，即可得到在实测参数条件下的水流推进模拟值，根据实测水流推进曲线与模拟值相比较，进一步修改田间试验得到的带修正项的 Kostiakov 入渗模型中的入渗系数 k、入渗指数 α、稳定入渗率 f_0、田面糙率等。入沟流量为 1.5L/s、1.0L/s、0.75L/s，对不同沟底宽水流推进实测值和模拟值对比如图 4.7～图 4.9 所示。

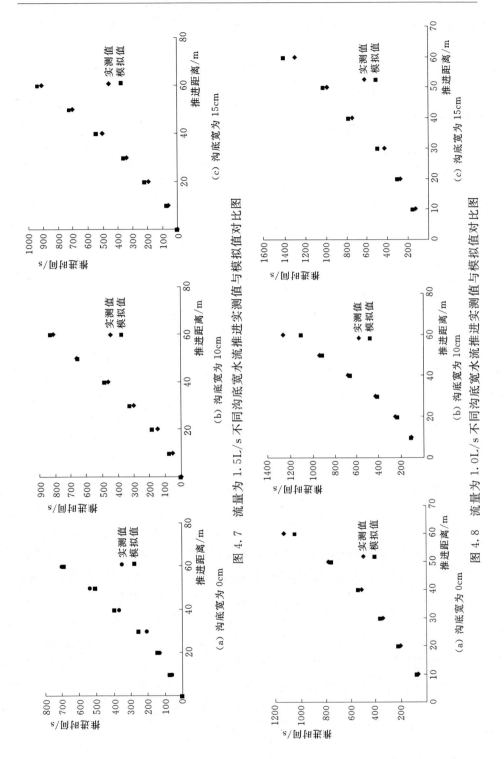

图 4.7　流量为 1.5L/s 不同沟底宽水流推进实测值与模拟值对比图

图 4.8　流量为 1.0L/s 不同沟底宽水流推进实测值与模拟值对比图

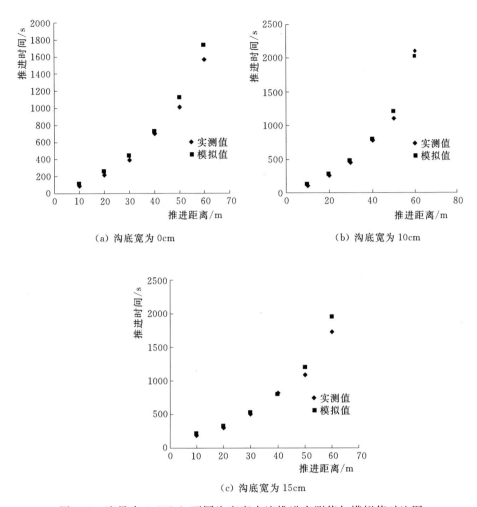

（a）沟底宽为 0cm   （b）沟底宽为 10cm

（c）沟底宽为 15cm

图 4.9 流量为 0.75L/s 不同沟底宽水流推进实测值与模拟值对比图

根据 SRFR 模型模拟与实测水流推进过程比较，即可对定水头法得到的入渗参数进行验证，对不同垄沟参数和灌水参数条件下得到的水流推进模型进行验证和校核。图 4.7～图 4.9 中各条件下的水流推进实测值和模拟值并不完全吻合，这是因为在大田实测过程中，不可避免地存在误差，主要是水面有一定程度的蒸发、田面坡度不均匀、人为试验和观测误差等造成的，但是在大量重复模拟后得到的水流推进曲线和模拟的水流推进曲线基本吻合，其相对误差不超过 5%，即可认为 SRFR 模型中输入的入渗参数和稳渗率等符合田间实测情况，通过软件反向率定的带修正项的 Kostiakov 入渗模型中的入渗系数 k、入渗指数 α 以及稳定入渗率 f_0、田面糙率等见表 4.6。

表 4.6　　带稳渗项 Kostiakov 入渗模型 k、α、f_0 拟合表

入沟流量	入渗参数	沟底宽 0cm	沟底宽 10cm	沟底宽 15cm
	k	38.657	37.892	35.547
$q=1.5$L/s	α	0.878	0.747	0.670
	f_0	17.69	20.12	23.04
	k	34.781	32.285	31.902
$q=1.0$L/s	α	0.971	0.844	0.581
	f_0	15.49	16.32	17.98
	k	30.426	29.786	26.901
$q=0.75$L/s	α	0.871	0.675	0.561
	f_0	14.22	15.91	17.69

4.3.3　沟灌水流消退过程模拟

用修正后的入渗参数模拟入沟流量 1.5L/s 时的不同沟底宽的灌水沟距离沟首 30m 处的水深变化，并与实测值相比较，如图 4.10～图 4.12 所示。

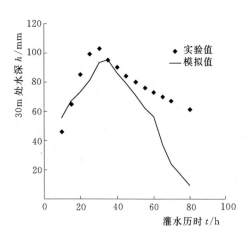

图 4.10　沟底宽为 15cm、沟长为 30m 处水深变化过程

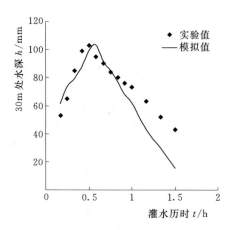

图 4.11　沟底宽为 10cm、沟长为 30m 处水深变化过程

由图 4.10～图 4.12 可知，模拟值与实测值在水位上升阶段比较吻合，说明 SRFR 模型的模拟值在水深增加阶段具有较高的精度，但是在水深降低阶段，模拟值与实测值具有较大的差异，可能是因为在入渗后期达到稳定入渗阶段后，由于入渗水分的作用，使得土壤结构、孔隙等土壤物理参数发生较大的变化导致。

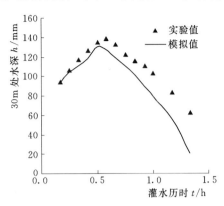

图 4.12 沟底宽为 0cm、沟长为 30m 处水深变化过程

4.3.4 沟内水力参数模拟

4.3.4.1 沟内流量过程模拟

灌水沟中流量是一个描述水流运动的重要参数，在实际灌溉中，沟内流量难以准确测定，用 SRFR 模型可以模拟沟内流量，用户可以自定义所获取流量的灌水沟断面位置，输入系统几何参数、管理参数和土壤入渗参数后，选择所需要的边界条件和入渗模型，SRFR 模型根据用户所输入的参数来自动计算用来描述田面水流运动的模型，本研究中 SRFR 模型获取田面水流运动模型为零惯量模型，该模型形式简单、计算方便，对沟灌以及畦灌田面水流运动具有较精准的模拟。在运行结果中，模型自动获取沟首、距离沟首 15m 处、30m 处、45m 处的流量动态变化以及沟尾流出的流量。入沟流量为 1.5L/s 时，不同沟底宽灌水沟中流量如图 4.13～图 4.15 所示。

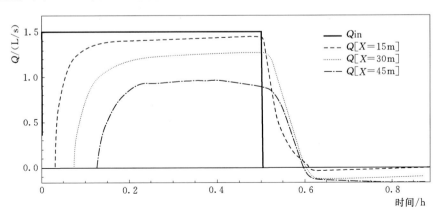

图 4.13 沟底宽为 0cm 处理流量变化图（$q=1.5$L/s）

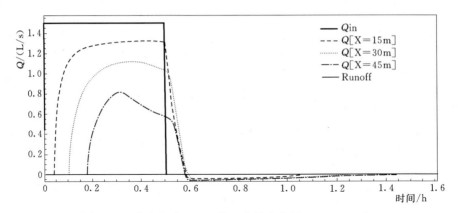

图 4.14　沟底宽为 10cm 处理流量变化图（$q=1.5$L/s）

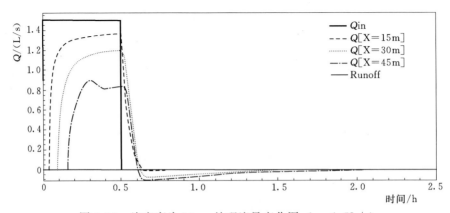

图 4.15　沟底宽为 15cm 处理流量变化图（$q=1.5$L/s）

由图 4.13～图 4.15 可以看出，以上三组模拟过程中，沟首流量一直保持在 1.5L/s，直到灌水结束才降为 0，而在距离沟首 15m 断面处的流量是由 0 逐渐变大，然后保持最大流量不变，最后在灌水结束时间逐渐变为 0，其他 30m、45m 断面处具有相同的规律，而灌水沟的最末端，也就是图中 60m 断面处流量一直为 0，这是因为本试验设置灌水沟为沟尾封闭。

4.3.4.2　沟内水深模拟

沟灌灌水沟中水深是一个间接反映灌溉水在沟内推进和入渗的参数，由于在实际灌水过程中存在冲淤，加上田间土壤在灌水过程中含水率变化等情况，从而导致沟内水深难以现场测定，又因其在灌水过程中并非一恒定值而是处于变动状态，所以沟内水深的实时变化情况很难掌握。SRFR 软件基于零惯量模型对沟灌水流运动进行模拟，用户可以根据需要设定沟内水深实际输出的距离位置，从而快速方便地掌握沟内水深这一参数的实时变化情况。系统自动截取沟首、15m 处、45m 处、60m 处的水深变化情况，如图 4.16～图 4.18 所示。

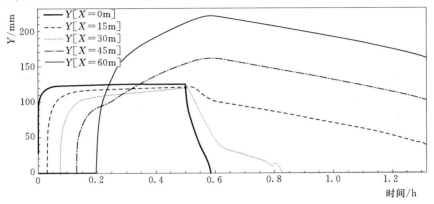

图 4.16 沟底宽为 0cm 处理沟内水深变化图（$q=1.5$L/s）

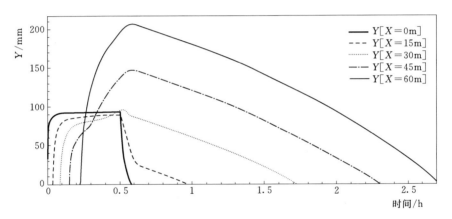

图 4.17 沟底宽为 10cm 处理沟内水深变化图（$q=1.5$L/s）

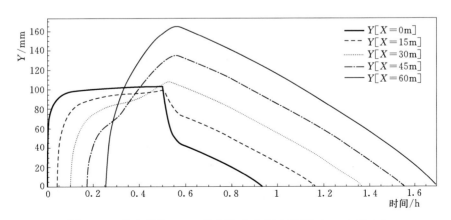

图 4.18 沟底宽为 15cm 处理沟内水深变化图（$q=1.5$L/s）

由图 4.16～图 4.18 可知，在沟首的水深比较稳定，在灌水开始时迅速上升为最大值，直到灌水结束才逐渐回落，并最终降至 0，在距离沟首 15m 处，在灌水过程中逐渐增加，并在稳定值保持一段时间，直到灌水结束才逐渐降为 0，而在 30m 和 45m 处，距离沟首位置越远水深稳定值保持时间越短，其基本规律与沟首与 15m 处相同，即灌水过程中逐渐增加，结束后逐渐降为 0，这与田间实测规律相吻合。

第5章 春小麦垄作沟灌田间试验研究

本部分研究主要是在前述室内试验与计算机模拟的基础上，选择有利于提高灌水质量的垄沟参数，开展春小麦沟灌现场试验，观测试验参数情况下的土壤水分动态变化、作物生理指标与产量，评价灌水质量与灌水效益，验证计算模拟结果。

5.1 试验设计与方法

5.1.1 试验设计

试验于 2013 年 3—8 月在甘肃省水利科学研究院民勤县试验基地进行。

5.1.1.1 春小麦生育阶段划分

根据春小麦生育阶段的特点，本实验将春小麦的出苗分蘖期、拔节孕穗期、抽穗开花期和乳熟期作为试验的 4 个主要阶段。由于春小麦在黄熟期对水分反应不明显，所以黄熟期不作试验观测。具体生育期划分见表 5.1。

表 5.1 春小麦生育阶段划分

生育阶段	出苗分蘖期	拔节孕穗期	抽穗开花期	乳熟期	黄熟期
开始	4 月 3 日	5 月 10 日	5 月 30 日	6 月 15 日	7 月 11 日
结束	5 月 9 日	5 月 29 日	6 月 14 日	7 月 10 日	7 月 20 日

5.1.1.2 试验方案

试验以垄沟参数做影响因子，采用对比试验的设计方法，共设 6 个处理，组成对照试验。

对照组 1：不同垄宽对照，沟底宽、沟深固定，垄宽分别为 30cm、40cm、50cm 不同，梯形沟，共 3 个处理。

对照组2：不同沟深对照，垄宽40cm固定，沟深20cm处理1个，梯形沟，与上组沟深15cm处理对照。

对照组3：不同沟底宽处理，沟深15cm、垄宽40cm固定，沟底宽0、10cm处理各1个，与上组沟深15cm处理对照。

试验方案设计见表5.2。

表5.2　　　　　　　　垄作技术参数组合试验设计

处理	沟底宽/cm	沟深/cm	沟坡	沟口宽/cm	垄宽/cm	沟长/cm	沟形
T1	15	15	1∶1	45	30	60	梯形沟
T2	15	15	1∶1	45	40	60	梯形沟
T3	15	15	1∶1	45	50	60	梯形沟
T4	15	20	1∶1	55	40	60	梯形沟
T5	0	15	1∶1	30	40	60	V形沟
T6	10	15	1∶1	40	40	60	梯形沟

5.1.2　试验观测方法

5.1.2.1　田间布置与实施

试验中垄作沟灌栽培技术，采用人工起垄播种，共24沟25垄，垄上种3～5行小麦，所用肥料全作底肥一次性施入。灌溉采用管道灌溉系统直接灌入沟内，水量采用水表计量，灌水时沟内水深略低于垄面。灌水定额为40m³/亩，全生育期灌水5次，时间分别于出苗分蘖期、拔节孕穗期、抽穗开花期、乳熟期、黄熟期各一次。最后一次灌水量根据实测土壤含水量设计得到，比前四次灌水量减少25%。试验田间布置如图5.1所示，大田试验垄沟布置如图5.2所示，春小麦拔节期长势如图5.3所示。

5.1.2.2　观测项目及方法

（1）土壤含水量测定。土壤含水量采用烘干法测定，采样点从沟中心开始，向垄中心方向布置测点，沟中心、垄坡面、垄面各布置一个测点，共布置3个测点。每个生育阶段，分别在灌前、灌后测定土壤含水量1次，灌水间隔期每10d测定1次。每次取样深度均为80cm，分7层，即地面下10cm、20cm、30cm、40cm、50cm、60cm、80cm。含水量观测点位布置示意如图5.4所示。

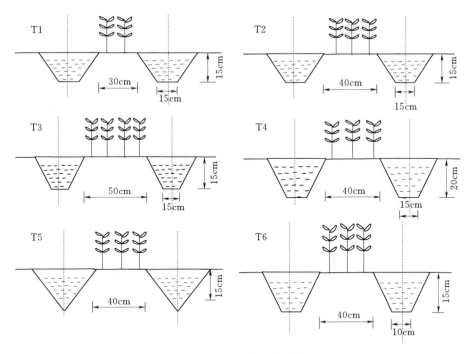

图 5.1　现场试验布置图

图 5.2　大田试验垄沟布置图（彩图见书后）

图 5.3　春小麦拔节期长势图（彩图见书后）

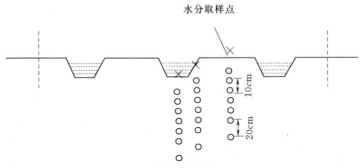

图 5.4　含水量观测点分布图

（2）地温测定。在 8：00、14：00 和 20：00 时，利用地温计测定各处理的土壤温度，地温测定深度可分为 5cm、10cm、15cm、20cm。

（3）叶面积测定。利用叶面积仪，每小区在三叶期、拔节期、孕穗期、开花期各取 20 株小麦测定。

（4）干物质测定。在拔节期、孕穗期、开花期、灌浆期每小区各取 20 株小麦，叶面积测定完后，将去掉根部（从地表外剪断）的地上部分全部有机物质装入牛皮纸信封，在 80℃恒温下烘干 24h，用电子天平称其重。

（5）土壤蒸发测定。采用自制蒸发皿在小麦各生育期内每天 8：00 进行观测。蒸发皿埋于作物行间。

(6) 株高和茎粗测定。在成熟期，随机取样 20 株，用钢卷尺测定株高，用游标卡尺测定节间长度、茎粗和茎壁厚度。

(7) 光合作用指标测定。本试验中的光合作用日变化及叶片光响应利用 Li-6400 便携式光合仪（LI-COR，USA）测定，选取晴朗无风天气，测定时间为 8：00—17：00，每 1h 测定一次，测定冬小麦旗叶的蒸腾速率、净光合速率和气孔导度等指标，各处理选取 3 个测点。测量各处理小区小麦旗叶的光合速率等指标。

(8) 产量测定。成熟收获后测产量构成因子，计算理论产量。选取 400 茎，统计小穗数和不孕小穗数，分 350 茎和 50 茎两组，烘干称重，分别计算千粒重和 50 茎穗粒数。样本籽粒晾晒达到通常的谷标准后，除去空、秕粒，采用随机选取 1000 粒小麦籽粒，称重，3 次重复（组内差值不大于 3%）取均值，为千粒重。理论产量（kg/hm²）＝千粒重/1000×穗粒数/茎×有效茎数/hm²。

(9) 水分利用效率 E。水分利用效率根据产量计算得到。水分利用效率 E＝产量/ET（播种时土壤含水量＋生育期灌水量＋有效降水量－收获期土壤含水量）。

5.2 沟灌土壤水分动态

5.2.1 垄作沟灌土壤含水量的分布

试验结果显示，垄作沟灌尽管在沟中灌水，但由于土壤水分的横向扩散作用，垄体也有很好的湿润效果。以 T2、T3 处理第三次灌水为例，绘制垄沟、垄坡、垄面灌水前后土壤水分剖面如图 5.5 和图 5.6 所示。从中可以看出，每次灌水后土壤的水分剖面分布形式相类似，但由于是在沟中灌水，垄沟、垄坡、垄面灌水后水分变化深度不同，T2 处理垄沟主要集中在 0～35cm 土层，垄坡、垄面则分别为 0～45cm、0～55cm 土层，垄坡、垄面的湿润深度大于垄沟，T3 处理垄沟主要集中在 0～45cm 土层，垄坡、垄面则分别为 0～60cm、0～70cm 土层，垄坡、垄面的湿润深度大于垄沟。尽管所有处理在每次灌水后均符合这一规律，但垄沟参数的变化对灌水后土壤水分分布、湿润深度等有显著影响，如在沟深和沟底宽不变的情况下，随着垄宽的增大垄面灌后土壤含水量呈现逐渐降低的趋势。当

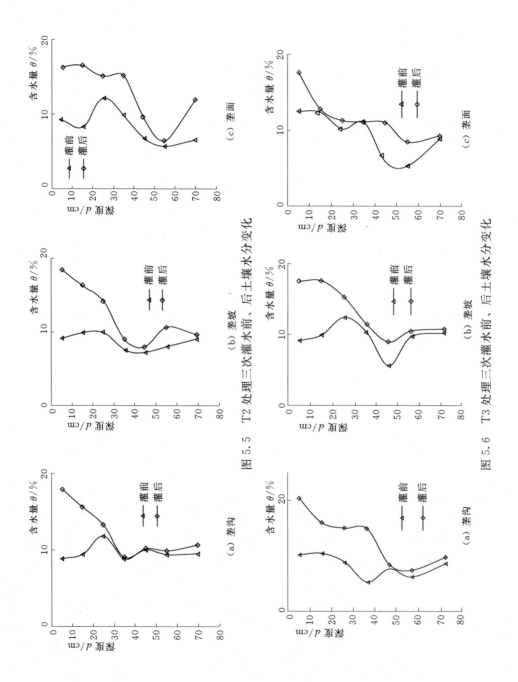

图 5.5　T2 处理三次灌水前、后土壤水分变化

图 5.6　T3 处理三次灌水前、后土壤水分变化

垄宽和沟底宽不变时，垄面土壤含水量随着沟深的增加而呈现逐渐降低的趋势。

5.2.2 垄沟参数对土壤含水量分布的影响

垄沟参数对灌水后的湿润效果有显著影响，以灌水后垄面平均含水量来直观评价湿润效果，仍以第三次灌水为例，绘制 3 组试验的灌水后垄面土壤含水量分布情况如图 5.7 所示。由图 5.7 可以看出，在沟底宽和沟深一定的情况下，随着垄宽的增加垄面湿润效果明显降低，计算相关数据，T1 处理较 T2 处理和 T3 处理依次增高了 10.87% 和 15.19%。主要是观测点距于垄面正中位置，随着垄宽的增大，灌水沟水平向湿润锋形成交汇入渗时间变迟甚至不发生交汇入渗，湿润时间变短，湿润效果下降；在垄宽

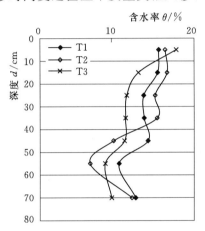

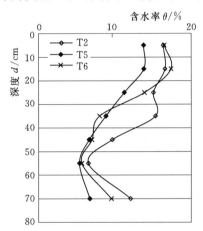

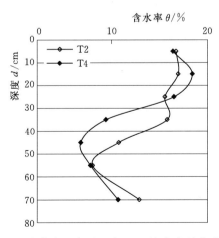

图 5.7 三次灌水后各处理垄面土壤含水量分布情况

99

和沟底宽不变的情况下，随着沟深的增大垄面湿润效果也显著降低，T4处理较 T2 处理灌水均匀度减少了 1.38％，主要原因是由于沟深越大，沟侧面受水面积越大，即灌溉水的湿周增大，在灌水量一定的情况下，垂向入渗相应增大，侧向入渗有所减少；在垄宽和沟深不变的情况下，随着沟底宽的增加垄面湿润效果降低，T5 处理和 T6 处理较 T2 处理降低了2.18％和 2.90％，主要原因是随着沟底宽的增加，土壤水分入渗面积增加，垂向入渗相应增大，侧向入渗有所减少。

5.2.3　不同垄沟技术参数下土壤储水量变化

与畦灌相比，垄作沟灌技术改变了田间的微地形，灌水只在灌水沟内进行，通过灌水沟内的水分向垄面的侧渗达到为作物生长提供必需水分的目的。要使侧渗的这一部分水分能满足整个垄面小麦生长的土壤水分环境条件，垄面土壤必须满足一定的储水量。土壤储水量是指一定土层厚度的土壤含水量，以水层深度（mm）表示。计算各处理在整个生育期内垄面（0～60cm）土壤储水量的变化情况结果见表 5.3。

表 5.3　　　　　　　　　全生育期内土壤储水量变化　　　　　　单位：mm

处理	5月6日	5月11日	5月21日	5月26日	6月6日	6月10日	6月24日	6月28日	7月20日
T1	119.1	131.6	89.3	113.6	81.9	97.1	70.5	87.3	103.7
T2	100.6	121.5	104.4	117.5	70.4	108.9	57.2	76.6	107.5
T3	102.6	109.0	89.6	98.0	75.9	86.6	54.2	79.2	83.9
T4	92.7	107.3	76.3	92.6	52.3	82.2	54.3	69.5	81.0
T5	76.8	94.0	93.1	97.9	51.9	79.5	54.0	77.6	101.7
T6	101.8	126.0	74.4	102.0	56.0	75.5	52.5	65.7	84.3

从表 5.3 中可以看出，各处理每次灌水前后土壤储水量变化明显。整体储水量的变化规律出现先增大后减小的趋势。分析比较各处理储水量变化的差异，分组绘制储水量变化过程线如图 5.8～图 5.10 所示。

从图 5.8 至图 5.10 可以看出，随着生育期的变化，0～60cm 土层储水量各个处理出现了不同的情况。不同垄宽情况下，50cm 垄宽的储水量较30cm 垄宽和 40cm 垄宽的储水量少了 12.39％和 8.4％。说明垄宽增加，垄体中土壤的储水效果降低。不同沟深条件下，沟深 20cm 的储水量比沟深 15cm 的储水量减少了 10.8％，说明增加沟深，土壤的储水效果降低。原因是 20cm 沟深处理存在更大的深层渗漏，造成了水量损失。不同沟底

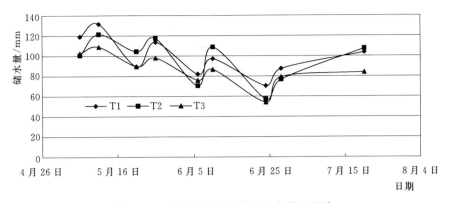

图 5.8 不同垄宽处理储水量变化过程线

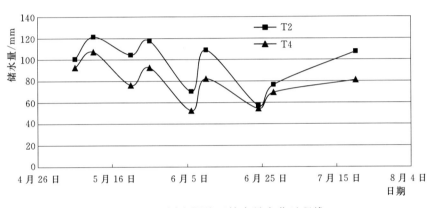

图 5.9 不同沟深处理储水量变化过程线

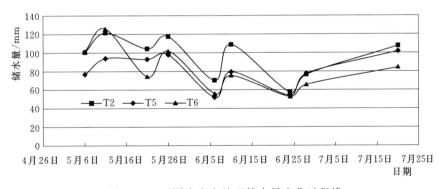

图 5.10 不同沟底宽处理储水量变化过程线

宽条件下，V 形沟的储水量明显较沟底宽 10cm 和 15cm 的储水量低。因此，在沟底宽和沟深不变的情况下，土壤的储水量出现随着垄宽的增加而减小的趋势；当垄宽和沟底宽一定时，土壤储水量出现随着沟深的增加而

减小的趋势；在垄宽和沟深不变的情况下，土壤储水量随着沟底宽的增加
而变大。

5.3　不同垄沟参数对春小麦生理效应

5.3.1　不同垄沟参数对小麦株高的影响

小麦的高矮和茎秆性状的优劣，显著影响着小麦抗倒伏能力的强弱。
倒伏是影响小麦高产优质的因素之一，小麦在开花期发生严重倒伏将对穗
粒数和千粒重都有很大的影响，小麦在灌浆期发生的倒伏对穗粒数影响不
大，但影响了小麦的正常灌浆，导致千粒重降低而减产。后期倒伏，容易
发生穗发芽现象，对小麦的品质有不良影响。倒伏对小麦产量和品质有显
著影响，倒伏发生越早，减产的程度越大。试验观测得到不同的垄作技术
参数处理春小麦各生育阶段株高的统计结果如图 5.11 所示。

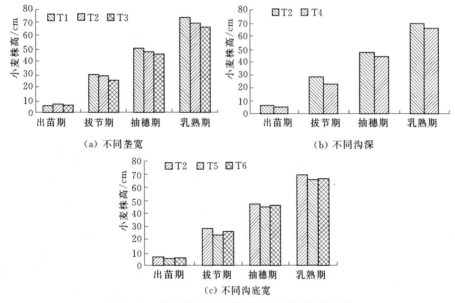

图 5.11　各处理不同生育期春小麦的株高变化

由图 5.11 结合统计结果可以得出，在出苗期，各处理之间小麦株高
无明显变化，进入拔节期以后，在其他参数不变的情况下，随着垄宽的增
大株高呈现逐渐降低的趋势，T1 处理在乳熟期株高达最高的 73.93cm，
较 T2 处理和 T3 处理增加了 4.52cm 和 7.62cm，增幅为 6.51％ 和

11.49%。在其他参数一定的情况下，随着沟底宽的减小小麦株高呈现降低的趋势，T5 处理较 T6 处理和 T2 处理降低了 0.83cm 和 3.76cm，降幅达 1.25% 和 5.42%。在垄宽和沟底宽不变的情况下，沟深与株高呈现反向增加的趋势，T2 处理株高最高为 69.41cm，T4 处理株高最低，仅为 65.63cm，较 T2 处理降低了 3.78cm，降幅达 5.45%。由于试验条件下，垄沟灌溉水平方向湿润锋的最大运移距离为 61.9cm。因此，在沟深、坡度和沟底宽一定的情况下，T3 处理垄上种四行小麦，垄宽过宽，对沟中水分和土壤养分的竞争力相对较强，因此，水分、养分的不足限制了植株的生长。

5.3.2 不同垄沟参数下叶面积和干物质的积累过程

小麦的生育过程实际上是干物质的增长积累过程，小麦是否高产，95% 以上都是取决于光合作用，就是由光能的利用率决定的，而叶片是小麦进行光合作用的主要器官，叶面积的大小与其持续时间的长短决定了小麦光合作用的能力。因此，除去一部分用于呼吸消耗以外，小麦在抽穗前积累的物质大部分用于小麦的躯体比如茎、叶等，形成小麦的营养器官，开花后积累的干物质绝大部分供给籽粒。干物质的积累运转与产量成正相关，一直是栽培研究的重点。

小麦旗叶的大小对小麦的生长发育也有着重要的意义。小麦的叶片是小麦进行光合作用的重要部位之一。它的大小以及数量等对小麦的新陈代谢有影响。叶面积指数的变化情况随着小麦的生育期的推进而发生变化。自小麦出苗至生长发育成熟阶段，小麦的叶面积指数将随着生育期的推进而出现逐渐增加的趋势。通常，在小麦的拔节孕穗期，叶面积将发育至最大程度。在生长后期叶面积将由逐渐成熟走向逐渐衰老。因此，叶面积指数也就随着降低。叶面积指数是描述作物群体受光结构的最基本的参数，叶面积指数太大，则下部叶片受光条件恶化，最后产量反而下降。

因此，我们可以通过适宜的垄宽、沟深、沟底宽以及适量的水肥来调节小麦的叶面积指数，使其有利于小麦的高产。试验观测得到不同垄作技术参数处理春小麦各生育阶段叶面积指数的变化，如图 5.12 所示。

从图 5.12 可以看出，小麦出苗开始，叶面积增长速率缓慢，在五叶期，T1 处理叶面积指数最大为 2.86，随着生育期的推进，各处理叶面积表现出的总体趋势是先增大后减小。自五叶期开始，作物叶面积迅速增加，抽穗期达到最大。在其他参数不变的情况下，随着垄宽的增大叶面积指数呈现逐渐降低的趋势，T1 处理在抽穗期叶面积达到最大为 4.55，较

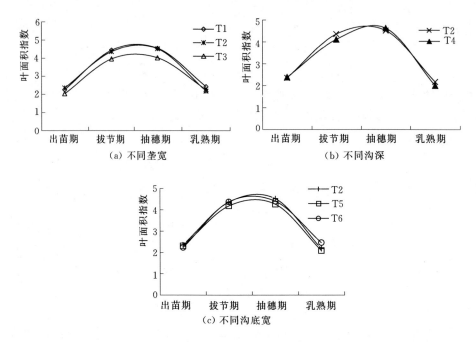

图 5.12 各处理不同生育期春小麦叶面积变化

T2 处理和 T3 处理增幅为 0.66％和 13.18％。在其他参数一定的情况下，随着沟底宽的增大小麦叶面积呈现逐渐增加的趋势，T5 处理较 T6 处理和 T2 处理均降低了 0.58cm 和 0.62cm，降幅达 4.32％和 4.61％。在垄宽和沟底宽不变的情况下，沟深与叶面积呈现反向增加的趋势，T4 处理较 T2 处理降低了 0.27，降幅 2.01％。说明适宜的参数组合种植模式不仅可以优化土壤水分环境，而且更有利于叶面积的增长。产生这一结果的原因在于适宜的种植方式可以减少小麦群体内部竞争，使其得到更好的水分和养分。沟深太大有可能引起深层渗漏，降低了作物对水分的吸收率，从而引起干物质减少。

不同的垄作技术参数对春小麦干物质的积累过程如图 5.13 所示。由图 5.13 可以看出，在其他参数不变的情况下，随着垄宽的增大干物质呈现逐渐降低的趋势，T1 处理在乳熟期干物质达到最大值为 57.54g，较 T2 处理和 T3 处理增幅为 10.74％和 28.09％，这和王海林等的研究结果一致。在其他参数一定的情况下，随着沟底宽的增大小麦干物质呈现逐渐增加的趋势，T5 处理较 T6 处理和 T2 处理均降低了 14.76g 和 24.81g，降幅达 12.56％和 19.46％。在垄宽和沟底宽不变的情况下，沟深与干物质呈

现反向增加的趋势，T4 处理干物质最小，仅为 35.28g，较 T2 降低了
16.68g，降幅达 32.1%。

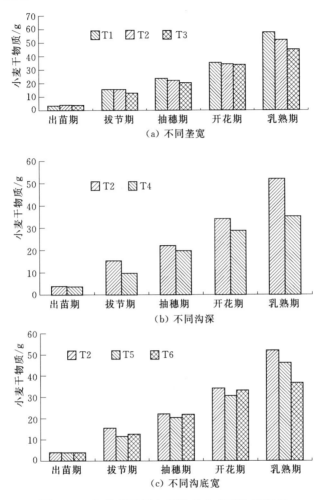

图 5.13 各处理不同生育期春小麦干物质积累

5.3.3 不同垄作技术参数下春小麦光合作用过程分析

研究中光合速率数据是根据作物光合作用同化的 CO_2 量减去作物呼吸
所消耗的 CO_2 量的差值所得的光合速率，即小麦的净光合速率 P_n
$[\mu mol/(m^2 \cdot s)]$。不同的垄作技术参数春小麦各生育期内净光合速率的测
定结果见图 5.14。

由图 5.14 可以看出，在五叶期，作物的光合速率没有明显变化，进

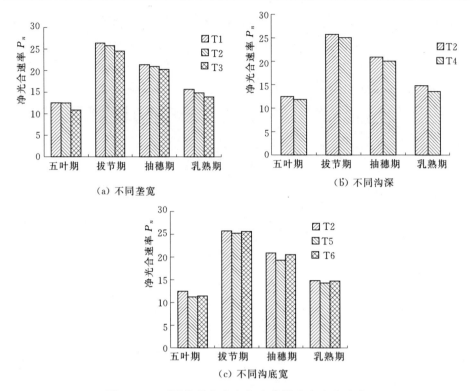

图 5.14　不同处理春小麦各生育期内净光合速率

入拔节期以后，在其他参数不变的情况下，随着垄宽的增大净光合速率呈现逐渐降低的趋势，T1 处理在拔节期光合速率达到最大为 26.35，较 T2处理和 T3 处理增加了 0.59 和 1.84，增幅分别为 2.29％和 7.51％，这和王旭清等的研究结果一致。在其他参数一定的情况下，随着沟底宽的增大小麦光合速率呈现逐渐增加的趋势，T5 处理较 T6 处理和 T2 处理均降低2.25 和 3.84，降幅达 3.11％和 5.19％。在垄宽和沟底宽不变的情况下，沟深与春小麦净光合速率呈现负增加的趋势，T4 处理光合速率最小，较T2 处理降低了 0.85，降幅达 4.79％。

5.3.4　不同垄沟参数下小麦产量和水分利用效率分析

不同的垄作技术参数对春小麦产量和水分利用效率的分析结果见表5.4。结果表明：不同处理之间产量的性状差异明显，T1 处理的穗长、穗粒数、千粒重均大于 T2 处理和 T3 处理，但是由于 T1 处理垄面只种了两行小麦，使其单位有效面积的亩穗数小于其他处理，因此使得最终的产量减少。T2 处理的产量最大为 8242.42kg/hm²，较 T1 处理和 T3 处理增产

776.72kg/hm² 和 806.01kg/hm²，增幅为 10.4% 和 10.84%。说明适宜的垄宽可以最大限度地发挥垄上小麦的受光条件和边行优势，有利于改善群体的通风和透光条件，增强作物光合作用并且提高作物产量。在垄宽和沟底宽不变的情况下，沟深与春小麦产量呈现负增长的趋势，T4 处理产量最小，仅为 6948.41kg/hm²，较 T2 处理减产了 1294.01kg/hm²，降幅达 15.7%。在其他参数一定的情况下，随着沟底宽的增大小麦产量和水分利用效率呈现逐渐增加的趋势，T5 处理产量较小，仅为 7112.35kg/hm²，较 T6 处理和 T2 处理降低了 465.01kg/hm² 和 1130.07kg/hm²，降幅达 7.44% 和 13.71%。T5 处理水分利用率也较低，较 T6 处理和 T2 处理降低了 2.92% 和 3.99%。T2 处理组合模式的蓄水、保墒效果更加显著，有利于作物的生长发育和产量形成。不同处理的水分利用效率也存在差异，说明不同垄作技术参数可以使小麦更好地利用田间土壤水分，适宜的垄宽、沟底宽、沟深以及沟形有利于构造合理的群体密度和土壤水分的高效利用。

表 5.4　　　　不同处理模式下小麦产量和水分利用效率对比

处理	穗长 /cm	亩穗数 /万	穗粒数 /粒	千粒重 /g	产量 /(kg/hm²)	耗水量 /mm	水分利用效率 /[kg/(hm²·mm)]
T1	8.83Aa	23.75Cd	39.63Aa	52.88Aa	7465.70Bb	410.54	16.75Bc
T2	8.81Aa	26.76Bc	39.15Ab	52.45Bb	8242.42Aa	411.17	17.28Aa
T3	8.62Ab	26.68Bc	38.47Bb	50.90Cc	7436.41Bb	414.05	15.76Cc
T4	7.4Cc	27.62Bb	32.16Dc	52.15Bb	6948.41Cb	413.29	15.11Cc
T5	8.09Bc	29.85Ab	29.37Ee	52.34Bb	7112.35Cb	411.43	16.59Bb
T6	8.44Bb	30.97Aa	36.33Cc	52.60Bb	7577.36Bb	411.75	17.09Ab

注　不同的大小写字母分别表示在 1% 和 5% 水平上差异显著。

第6章　垄作沟灌灌水质量
评价指标研究

垄作沟灌技术采取垄上种植，沟灌灌溉方式，由于小麦自身生长所需土壤水分由灌水沟内的水分向垄体侧渗供给，因此，在同等肥力和灌水量条件下，垄作栽培的效果与垄的宽度、垄的方向、小麦种植密度以及灌水质量密切相关。沟灌入渗属二维入渗，灌溉水沿灌水沟入渗的同时，受重力及土壤基质吸力作用，沿灌水沟断面以纵向下渗和横向入渗浸润土壤。在水分入渗过程中各点毛管吸力和重力作用不是直线关系，因此入渗水量与入渗面不成比例，而且由于沟中水深随时间和空间不断变化，导致入渗水势梯度不同，且受到复杂的沟断面几何形状、土壤初始含水量、土壤容重、土壤特性参数变化的影响，导致入渗水量难以测定，使得沟灌的入渗过程极其复杂，也使得垄作沟灌的灌水质量评价变得复杂。

目前地面灌溉灌水质量评价的指标主要有田间灌水有效利用率、储水效率、灌水均匀度，依据这三项指标可评价灌水质量，确定灌水技术要素优化组合。在这方面有关畦灌与中耕作物沟灌技术的研究成果较多，理论相对成熟。但由于垄作栽培小麦的垄面宽度远大于玉米，且采用非均一行距种植（目前采用同一垄上 15～25cm，不同垄 55cm），因此已有的地面灌溉灌水质量评价方法不能全面反映小麦垄作沟灌技术的灌水质量。

李方红等（2007）研究了膜孔沟灌主要灌水技术要素组合对灌水质量评价指标影响，采用的评价指标亦然为灌水有效利用率和灌水均匀度，其中指标计算中只考虑沟的入渗水深。聂卫波等（2014）采用模拟与试验对照的方法，研究了不同土壤对沟灌灌水质量指标影响，采用灌水效率、灌水均匀度和储水效率作为评价指标，指标计算中计划湿润层采用 1m，入渗深度仍采用沟中土壤含水量计算。以上两项成果采用的是传统地面灌水质量评价指标，不能充分反映垄体、垄沟含水量的横向差异。

汪顺生等（2013）研究了常规沟灌和小麦、玉米一体化垄作沟灌对灌水质量及夏玉米产量的影响，采用的灌水质量评价指标为田间灌溉水的利用率和田间灌水的均匀度，其中灌溉水利用率计算中采用垄体、垄坡、垄面平均含水量。孙克翠等（2016）研究了干旱区春小麦垄作沟灌的灌水质量，把灌水均匀度分为纵向和横向，灌水效率和储水率也充分考虑了垄面、垄坡和垄沟的不同。这两项研究涉及了小麦垄作沟灌灌水质量评价指标等问题，但指标体系仍受传统地面灌评价思路的限制，导致计算复杂，测量工作量大。

本章试图以地面灌溉灌水质量评价指标体系为基础，结合小麦垄作沟灌的特点，改进提出全面反映小麦垄作沟灌灌水质量的评价指标。

6.1　灌水质量评价指标选取

6.1.1　地面灌灌水质量评价指标

目前，畦灌、沟灌等地面灌灌水质量的评价指标有灌水均匀度、储水率（灌溉水供需比）与田间灌溉水有效利用率。一次灌水完成后，土壤中入渗水分的分布如图 6.1 所示。

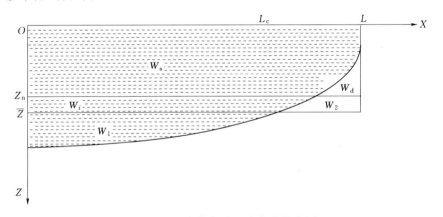

图 6.1　一次灌水后入渗水分分布图

图 6.1 中，W_1 为湿润深度超过平均湿润深度部分的水量（cm^2）；W_2 为湿润深度小于平均湿润深度部分的欠水量（cm^2）；W_s 为计划湿润层灌水量（cm^2）；W_i 为超灌水量（cm^2）；W_f、W_n、W_d 分别为将田间总灌水量（cm^2）、计划湿润层需水量（cm^2）、欠灌水量（cm^2）；Z_p 为计划灌水深度（cm）；$\overline{Z}$ 为平均灌水深度（cm）。

上述水量与水深存在如下关系：

$$W_f \geqslant W_n ; W_f = W_s + W_1 ; W_n = W_s + W_d$$

$$W_i \geqslant W_1 ; W_2 \geqslant W_d ; W_1 = W_2$$

$$\overline{Z} \geqslant Z_p$$

三个灌溉质量评价指标灌水均匀度、储水率（灌溉水供需比）与田间灌溉水有效利用率 E_u、E_s、E_a 计算公式为

$$E_u = 1 - \dfrac{\sum\limits_{i=0}^{N} |Z_i - \overline{Z}|}{N \overline{Z}} \tag{6.1}$$

式中：E_u 为灌水均匀度；Z_i 为第 i 个计算点的入渗水深，cm；$\overline{Z}$ 为各计算入渗水深的平均值，cm；N 为入渗水深计算点个数。

$$E_s = \dfrac{W_s}{W_f} \tag{6.2}$$

$$E_a = \dfrac{W_s}{W_n} = \dfrac{W_s}{W_s + W_d} \tag{6.3}$$

6.1.2　垄作沟灌灌水质量评价指标改进

上述评价指标的大小对于畦灌主要决定于灌水技术要素，对于沟灌还受垄沟参数的影响。如果垄宽较大且种植宽行作物，可认为是局部灌溉，上述均匀度可只指纵向均匀度，计算点取沿沟方向，但灌溉水利用率与储水率计算要考虑湿润系数；如垄宽较小时，入渗过程很快从二维转变为一维入渗，灌水质量评价指标计算与畦灌完全相同，湿润系数为 1。但对于小麦垄作沟灌，情况介于二者之间，灌水质量评价可采用类似于畦灌的方法，但评价指标计算应考虑垄上、沟坡与沟中的入渗水深的差别。现以单一垄沟为例，说明 E_u、E_d、E_s 三个指标的计算。室内模型模拟单沟灌水入渗试验，一次灌水完成后的剖面土壤水分布如图 6.2 所示，24h 再分布后剖面水分分布如图 6.3 所示。

由图 6.2 和图 6.3 可以看出，灌水后垄作沟灌的垄上、垄坡与沟中各点入渗水深完全不同，再分布后趋于均匀，但垄上、垄坡与沟中含水量分布还是有一定差别，严密计算灌水质量评价指标应考虑横向入渗的不均匀性，即

$$E_u = 1 - \dfrac{\sum\limits_{i=1}^{N} |Z'_{d,i} - \overline{Z}| + \sum\limits_{i=1}^{N} |Z'_{s,i} - \overline{Z}| + \sum\limits_{i=1}^{N} |Z'_{f,i} - \overline{Z}|}{3N \overline{Z}} \tag{6.4}$$

式中：E_u 为灌水均匀度；$Z'_{d,i}$、$Z'_{s,i}$、$Z'_{f,i}$ 分别为沟中、沟坡、垄中第 i 个计算点的入渗水深，cm；$\overline{Z}$ 为各计算入渗水深的平均值，cm；N 为纵向

入渗水深计算点个数。

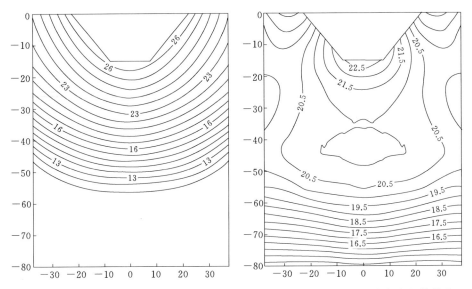

图 6.2　垄作沟灌灌水后土壤含水量等值线　图 6.3　灌水 24h 后土壤含水量等值线

田间灌溉水利用率 E_d、储水率 E_s 的计算较为复杂，需先根据灌水沟的形状计算计划湿润层储水量，然后再分别计算储水率 E_s、田间灌溉水利用率 E_a。某一观测点计划湿润层储水量为

$$w_{s,i} = bZ_{d,i} + (B-b)Z_{s,i} + RZ_{f,i} \tag{6.5}$$

$$E_s = \sum_{i=1}^{N} \frac{w_{s,i}}{Nw_f} \tag{6.6}$$

$$E_a = \sum_{i=1}^{N} \frac{w_{s,i}}{Nw_n} \tag{6.7}$$

式中：B、b 分别为灌水沟口宽、沟底宽，cm；R 为垄宽，cm；$Z_{d,i}$、$Z_{s,i}$、$Z_{f,i}$ 分别为沟中、沟坡、垄中第 i 个计算点的计划湿润层内入渗水深，cm；$w_{s,i}$ 为第 i 个计算点单位沟长计划湿润层灌水量，cm²；w_f 为单位沟长田间灌水量，cm²；w_n 为单位沟长计划湿润层需水量，cm²；其他符号意义同前。

对某次灌水而言，计划湿润层需水量由下述公式确定：

$$w_n = \gamma(\beta_{max} - \beta_{min})A_d \tag{6.8}$$

$$A_d = b(H_p - h) + (B-b)(H_p - h/2) + RH_p \tag{6.9}$$

式中：γ 为计划湿润层内土壤干容重，g/cm³；β_{max}、β_{min} 分别为该时段允许土壤最大与最小含水量，%；A_d 为单一灌水沟计划湿润层内断面积，cm²；

H_p 为计划湿润层深度，cm；h 为灌水沟深度，cm；其他符号意义同前。

如果按上述计算，不但计算较为复杂，测量工作量大。为了简化计算，对单一沟可只考虑纵向，对整个田块，可平均计算不同沟均匀度，最终得到田块均匀度。纵向均匀度可按同时考虑沟、垄、坡的情况，平均计算单位宽度单一沟的入渗量，也可按单一沟的总入渗量计算。增加反映横向扩散垄沟湿润深比。

6.2　灌水质量评价指标简化计算方法

对 6.1 节垄作沟灌灌水质量评价指标，进行如下简化，以便在测得沟灌入渗模型时，可进行计算评价灌水质量。灌水后均匀度只考虑纵向，则式（6.4）变为

$$E_u = 1 - \frac{\sum_{i=1}^{N} |\, w'_i - \overline{w}' \,|}{N \overline{w}'} \qquad (6.10)$$

式中：E_u 为灌水均匀度；w'_i 为第 i 个计算点单位沟长入渗总水量，cm²；$\overline{w}'$ 为各计算点入渗水量平均值，cm²；N 为纵向入渗水深计算点个数；其他符号意义同前。

$$w'_i = z w_i \chi_i \qquad (6.11)$$

式中：$z w_i$ 为第 i 个计算点单位湿周入渗水深，cm，可利用现场实测单位湿周入渗模型根据入渗时间求得；χ_i 为该计算点过水过程的平均湿周，cm。

计算点单位沟长的入渗总水量也可通过垄沟、垄面的入渗水深简化计算，即

$$w'_i = (b + mh) Z'_{d,i} + (R + mh) Z'_{f,i} \qquad (6.12)$$

近似认为沟的入渗水深等于单位湿周入渗水深 $z w_i$，则可由式（6.12）计算出垄的入渗水深 $Z'_{f,i}$。由于灌水质量评价时储水率与灌水效率计算需求出计划湿润层入渗水深，因此还需对计划湿润层入渗水深进行推求。

利用沟入渗水深计算出沟湿润土层深度，即

$$D_{d,i} = \frac{Z'_{d,i}}{\gamma (\theta_f - \theta_{0,d})} \qquad (6.13)$$

式中：$D_{d,i}$ 为沟部位灌溉湿润土层深，cm；θ_f、$\theta_{0,d}$ 分别为沟部位田间持水量与灌水前平均含水量，%；其他符号意义同前。

沟部位计划湿润层水深为

$$Z_{d,i} = \gamma(H_p - h)(\theta_f - \theta_{0,d}) = \frac{H_p - h}{D_{d,i}} z w_i \qquad (6.14)$$

垄体部位计划湿润层内灌水深为

$$Z_{f,i} = \frac{H_p}{D_{d,i} + h} Z'_{f,i} \qquad (6.15)$$

垄体部位湿润度：

$$\rho_i = \frac{Z_{f,i}}{\gamma H_p(\theta_f - \theta_{0,f})} \qquad (6.16)$$

式中：ρ_i 为垄体灌溉湿润度，%；$\theta_{0,f}$ 为垄体部位灌水前平均含水量，%；其他符号意义同前。

储水率 E_s、田间灌溉水利用率 E_d 的计算也进行简化，观测点计划湿润层储水量可按沟和垄两点平均入渗水深计算，式（6.5）简化为式（6.17），其他计算式同前。

$$w_{s,i} = (b + mh)Z_{d,i} + (R + mh)Z_{f,i} \qquad (6.17)$$

6.3　灌水质量评价指标简化计算方法验证

6.3.1　试验方案

灌水质量试验 2013—2014 年在甘肃省水利科学研究院民勤节水农业生态建设试验示范基地进行。试验区土壤为砂质黏壤土，$0\sim60\text{cm}$ 土层土壤平均干容重为 1.46g/cm^3，田间持水量 22.27%，速效钾 177mg/kg，速效磷 74mg/kg，有机质 13%，液态氮含量 12mg/kg。灌溉水源为地下水，根据前几章的研究成果，选择垄沟参数（沟宽、垄宽、沟深）与灌水技术参数（沟长、坡度、入沟流量），组成灌水质量试验方案，见表 6.1。

表 6.1　　　　　　　　　试　验　方　案

处理	沟长/m	垄宽/cm	流量/(L/s)	田面坡度/%	沟型
T1	58	40	1.5	1/500	梯型
T2	58	50	1.5	1/500	梯型
T3	50	40	1.0	1/500	梯型
T4	50	40	1.5	1/1000	梯型
T5	50	50	1.5	1/1000	梯型

该方案包括 5 个不同垄沟参数与灌水技术参数处理，每个处理 3 个重复，共 15 个试验小区。每一试验小区布置 3 条沟，中间为试验沟，两边为保护沟。试验采用统一沟型，沟底宽 15cm，沟深 15cm，沟坡为 1∶1。人工开沟起垄，机械播种。2013 年收割完成后灌入冬水，春天统一用翻耕机进行深翻，机器整平后去除杂草，整理试验地为起垄播种做好准备。2014 年 3 月下旬进行播种，起垄、播种、整形、镇压一次完成。供试春小麦品种为永良 4 号，播种量 1050kg/hm²，垄上种植，行距 10cm。垄宽 40cm，种植 3 行小麦；垄宽 50cm，种植 4 行小麦。

灌水量控制利用水表和流量控制阀相结合的方法，在总阀门与入田管道出口处接水表，后接流量控制阀，根据试验方案要求调节流量控制阀，用灌水定额计算每个处理的灌水量，水表严格控制每个沟中的灌水量。全生育期灌水 5 次，灌水定额为 40m³/亩，时间分别为出苗分蘖期、拔节期、抽穗期、开花期、成熟期。各处理锄草、施肥、松土等田间管理措施均保持相同。试验观测项目包括土壤含水量、产量等。含水量测定采用称重法。产量测定在成熟后进行，随机在垄上收割长度为 1m 的小区单独测产，统计各小区的穗数、穗长、单穗颗粒数，样本籽粒晾晒达到标准后，除去空秕粒，采用随机选取 1000 粒小麦籽粒，称重，3 次重复（组内差值不大于 3%）取均值，为千粒重。

6.3.2 实测灌水质量指标

利用上述试验观测结果进行简化计算方法验证，结合水肥气热的影响，对不同的垄沟参数（垄坡、垄宽、沟深、沟宽）与灌水技术参数（沟长、沟坡、入沟流量）为处理的 5 组田间试验进行灌水质量的评价，以第一次灌水的实验数据为例，用式（6.1）、式（6.2）、式（6.3）和式（6.10）采用实测土壤水分剖面分别计算灌水均匀度、田间灌溉水利用率、储水率和垄体湿润度 4 个评价指标，计算结果见表 6.2。

表 6.2　　　　　　　第一次灌水各处理的灌水质量评价指标

处理	灌水均匀度 E_u	田间灌溉水利用率 E_d	储水率 E_s	垄体湿润深度 ρ
T1	0.889	0.832	0.731	0.718
T2	0.854	0.807	0.797	0.774
T3	0.731	0.789	0.833	0.829
T4	0.878	0.836	0.762	0.689
T5	0.857	0.675	0.715	0.721

由表 6.1 可以看出，灌水均匀度 T1 处理最高为 0.89，T4 处理为 0.88；田间灌溉水利用率 T4 处理最高为 0.836；储水率 T3 处理高为 0.833；垄体湿润深度 T3 处理最高为 0.829。综合评价各灌水质量指标 T3 处理与 T4 处理有较高的灌水质量。

6.3.3 简化计算灌水质量指标

对上述试验结果，采用简化式（6.11）、式（6.2）、式（6.3）和式（6.10）计算灌水均匀度、田间灌溉水利用率、储水率和垄体湿润度 4 个评价指标，各观测点的入渗总水量与沟入渗水深可通过入渗模型计算，但由于试验中未观测各测点入渗时间与沟水深，所以计算中采用实测入渗总水量与沟入渗水深计算。简化计算灌水质量评价指标见表 6.3。

表 6.3　　　　　　　　简化计算灌水质量评价指标

处理	灌水均匀度 E_u	田间灌溉水利用率 E_d	储水率 E_s	垄体湿润深度 ρ
T1	0.990	0.832	0.731	0.716
T2	0.993	0.793	0.783	0.704
T3	0.735	0.772	0.815	0.810
T4	0.905	0.870	0.793	0.658
T5	0.886	0.633	0.670	0.766

由表 6.3 简化计算结果可以看出，除灌水均匀度由于纵向测点较少，导致均匀度计算结果均偏高外，其他指标简化计算结果与实测结果接近。说明研究对灌水质量评价指标所做的简化是合理的，简化计算公式可在减少实测工作量的基础上，评价垄作沟灌的灌水质量。

6.3.4 小麦产量及水分利用效率

不同的垄沟参数与灌水技术参数造成土壤水分、温度和光照面积的差异，进而影响到小麦的产量及其构成因素。实测得验证试验产量及水分利用效率计算结果见表 6.4。

由表 6.4 可知，不同处理之间产量的性状差异明显，T4 处理产量最高，达到 $9142.87kg/hm^2$，T2 处理的产量最低，仅为 $7282.37kg/hm^2$。T4 处理产量较 T5 处理高出 1.5%，但差异不显著，较 T1 和 T3 处理分别高出 10.5% 和 10.2%，较 T4 处理低了 20.3%。T2 处理由于垄宽过宽、

表 6.4　　　　　　　不同处理模式下小麦产量和水分利用效率

处理	穗长/cm	亩穗数/万个	穗粒数/粒	千粒数/g	产量/(kg/hm²)	耗水量/mm	水分利用效率/[kg/(hm²·mm)]
T1	7.8c	33.35a	34.15b	47.88b	8179.60b	317.48	25.76b
T2	8.35b	29.84abc	33.99b	47.87b	7282.37c	313.55	23.23c
T3	8.88a	26.45c	41.70a	49.62ab	8207.92b	313.58	26.05b
T4	8.73a	32.96ab	36.23b	51.05a	9142.87a	315.08	29.18a
T5	8.93a	29.35bc	42.53a	48.11ab	9005.44a	314.56	28.63a

注　不同的小写字母表示在 5% 水平上差异显著。

沟长较长，横向灌水均匀度较低，因此垄体水分的不足限制了植株的生长。T5 处理的穗长与穗粒数均高于其他处理，但由于 T5 处理的亩穗数较低，因此 T5 的产量低于 T4。说明适宜的垄宽可以最大限度地发挥垄上小麦的受光条件和边行优势，有利于改善群体的通风和透光条件，提高作物产量。

各处理的耗水量基本呈现出 T2、T3、T5、T4 和 T1 依次增加的趋势；不同处理模式下的水分利用效率 T4 处理最高为 29.18kg/(hm²·mm)，T2 处理的最低为 23.23kg/(hm²·mm)，且差异显著（$p < 0.05$）。由 T1、T2 处理和 T4、T5 处理对比分析可知：在沟长，入沟流量，坡降相同的条件下，垄宽与春小麦产量与水分利用效率呈现负增长的趋势，T2 处理的产量与水分利用效率分别较 T1 处理降低了 10.97% 与 9.8%，差异性显著（$p < 0.05$）；T5 处理的产量与水分利用效率分别较 T4 处理降低了 1.5% 与 1.88%，无显著差异。T4 处理较高的产量与水分利用效率也充分验证了灌水质量评价结果的正确性。

6.4　灌水质量评价指标实测评价方法

6.4.1　田间土壤含水量快速实测方法

田间土壤含水量快速实测方法有中子法、张力计法、电阻法、电容法、时域反射仪法（TDR）、驻波率法（SWR）、频域反射法（FC）、微波法、光谱法、X-射线法、遥感法（无人机，飞行器，卫星）等。

近年来发展起来的土壤水分自动监测系统（如智墒云智能管式土壤水分及温度监测仪），集合了数据采集单元、传感器探测单元、GPRS 无线传输模块单元、GPS 单元以及电池单元为一体，高度一体化设计，以及防水防晒防盗、安装简便、免率定等特点，广泛地应用于土壤科学研究、节水灌溉、水文研究、农牧业生产等领域。智墒云智能管式土壤水分及温度监测仪，能实时动态监测多深度土壤水分、温度数据，并通过内置 GPRS 无线通讯模块实时传输至用户电脑以及手机端软件平台。系统采用全密封防水一体化结构，适用于野外严酷的自然环境，传感器原件与土壤不直接接触，使用寿命增长。系统免现场设置和校正设计，便于快速安装。系统由外部太阳能供电或自带可充电电池供电，远程无线通讯模块支持 GSM 或 CDMA 网络，同时监测多深度土壤水分温度数据，数据可以在 Android 或 IOS 系统智能手机和 PC 上直接读取。

6.4.2 基于实测土壤含水量的灌水质量评价指标计算

应用前述系统进行灌水质量评价，可在灌水前设计不同的观测点，埋设监测仪器，观测灌水前后的土壤水分，计算灌水量，进行灌水质量评价。根据观测点布置位置，评价可分为垄面垄沟观测和垄面观测两种情况。

6.4.2.1 垄面垄沟法

在垄面垄沟均安装土壤水分自动监测系统，沿沟长方向布置，垄面垄沟各不少于 3 个点，观测深度 100cm，观测点深度可根据需要采用 5cm、10cm、20cm 间距设置。

灌水量计算采用灌水前后土壤含水量差值计算，即

$$Z = \sum_{i=1}^{n} \gamma_i d_i (\theta_{e,i} - \theta_{0,i}) \tag{6.18}$$

式中：Z 为计算点的入渗水深，cm；γ_i 为第 i 层土壤的干容重，g/cm³；d_i 为第 i 层土壤土层深，cm；$\theta_{e,i}$、$\theta_{0,i}$ 分别为灌水前后第 i 层土壤平均含水量，%；其他符号意义同前。

将计算得到的灌水深换算为单位沟长灌水量，便可利用式（6.10）、式（6.12）～式（6.17）来计算评价指标，进行灌水质量评价。

6.4.2.2 垄面法

由于自动土壤水分观测系统设备价格高，为了节约成本，减少安装工作量，可只在垄面安装土壤水分自动监测系统，沿沟长方向布置，数量不少于 3 个，观测深度 100cm，观测点深度可根据需要采用 5cm、10cm、20cm 间距设置。

在这种情况下，由于沟内未进行土壤水分观测，所以只能用灌水均匀

度和垄体湿润比两个指标来评价，垄体湿润比采用垄面观测点灌水深度，用式（6.1）计算，垄体湿润比计算公式变为

$$\rho_i = \frac{\sum_{j=1}^{n} \gamma_j d_j (\theta_{e,j} - \theta_{0,j})}{\sum_{j=1}^{n} \gamma_j d_j (\theta_f - \theta_{0,j})} \tag{6.19}$$

式中：θ_f 为田间持水量，%；其他符号意义同前。

第7章 垄作沟灌灌水技术参数优化

垄作沟灌技术与滴灌、微灌等新型节水灌溉技相比较需要较大的灌水量，实践中若灌水技术要素设置不合理，或者管理制度不完善都会造成大量的灌溉水浪费，不仅造成灌溉水利用率降低，而且还会因地下水位上升产生土壤次生盐碱化，恶化农田生态系统。前边各章研究的目的是提高灌水质量和水分生产率，只有合理的灌溉参数和种植参数的优化组合，才能提高地面灌水质量。

选取合理的灌水技术参数，使进入田间的灌溉水全都储存于计划湿润层内，并且保证在田块的任何一位置都能使灌溉水储存率达到设计标准，也即最高的灌水效率和灌水均匀度，就说明灌水所采用的各种参数均处于优化状态，但是对各种灌水技术要素，优化设计的目标函数不能取得一致。本章通过将入沟流量和田面坡度、沟长作为设计因子，采用 WinSRFR 模型进行均匀度设计方法，构建以灌水均匀度为目标的优化模型，应用寻优算法对模型进行求解，寻求最优灌水技术参数优化组合。

7.1 优化模型

垄作沟灌技术中影响灌水质量的技术参数，可分为垄宽、沟宽、沟深等耕作技术参数与田面坡度、入沟流量、沟长等灌水技术参数两大类。其中垄沟耕作技术参数主要影响灌溉水入渗的横向扩散，在前边的研究中已进行了较为深入探讨，本章在第3章、第4章研究基础上，构建以田面坡度、入沟流量、沟长等灌水技术为参数的灌水质量非线性优化模型，利用 WinSRFR 模拟模型为寻优工具，通过模拟求解沟灌最优灌水技术要素组合。

优化模型目标函数为

$$Y = \max[DU(i, q, L)] \tag{7.1}$$

式中：Y 为非线性目标函数；DU 为 WinSRFR 模型灌水均匀度；i 为决策变量田面坡度；q 为入沟流量，L/s；L 为沟长，m。

约束条件为

$$\left.\begin{array}{c} i_{min} \leqslant i \leqslant i_{max} \\ q_{min} \leqslant q \leqslant q_{max} \\ L_{min} \leqslant L \leqslant L_{max} \end{array}\right\} \tag{7.2}$$

式中：i_{min} 为实际生产中可能实现的最小田面坡度；q_{min} 为实际生产中可能实现的最小入沟流量，L/s；L_{min} 为实际生产中可能实现的最小沟长，m；i_{max} 为实际生产中可能实现的最大田面坡度；q_{max} 为实际生产中可能实现的最大入沟流量，L/s；L_{max} 为实际生产中可能实现的最大沟长，m。模型优化时对上述参数取值根据实际应用进行离散后制定模拟方案。

$$DU = \frac{Z_{lp}}{Z_{avg}} \tag{7.3}$$

式中：Z_{lp} 为沿沟长方向受水量最少的 1/4 沟段内的平均入渗水深，mm；Z_{avg} 为平均灌溉入渗水深，mm。

7.2   优化模拟方案

模拟过程中灌水沟参数固定，分别是底宽为 15cm、沟深为 15cm、垄坡为 1:1，以入沟流量 q、田面纵坡 i、沟长 L 为变量，根据 WinSRFR 模型利用零惯量法对垄作沟灌灌水质量进行模拟评价，评价指标为灌水均匀度 DU，即沿沟长方向受水量最少的 1/4 沟段内的平均入渗水深与平均灌溉入渗水深的比值。根据目前河西内陆区具体情况、各灌区及农户用水习惯及垄作沟灌最新研究进展，流量 Q 设置为 0.5L/s、0.75L/s、1L/s、1.25L/s、1.5L/s 五个处理，纵坡 i 设置为 1/500、1/750、1/1000 三个处理，沟长设置为 50m、75m、100m、125m、150m 五个处理。对于土壤物理参数采用前期试验结果，采用 Kostiakov 入渗模型作为水流推进过程中入渗量的计算公式，其公式中的入渗系数 k、a 值分别选取 36.672 和 0.6775，土壤结构、种植情况等对水流推进阻力的综合反应系数用糙率 n 表示，取值为 0.04。模拟方案见表 7.1。

7.2 优 化 模 拟 方 案

表 7.1

表 7.1　　　　　　　　模 拟 优 化 方 案 表

处理＼参数	入沟流量 Q/(L/s)	田面纵坡 i	沟长 L/m
1	0.5	1/500	50
2	0.75	1/750	75
3	1	1/1000	100
4	1.25		125
5	1.5		150

根据前述模拟参数设计，组合形成 75 组方案，利用 WinSRFR 模型逐一进行模拟，模拟得到灌水均匀度目标函数值，见表 7.2。

表 7.2　　　　　　　　模 拟 结 果 表

方案	入沟流量 Q/(L/s)	田面纵坡 i	沟长 L/m	均匀度 DU
1	0.5	1/500	50	0.71
2	0.5	1/500	75	0.09
3	0.5	1/500	100	0
4	0.5	1/500	125	0
5	0.5	1/500	150	0
6	0.75	1/500	50	0.91
7	0.75	1/500	75	0.69
8	0.75	1/500	100	0.22
9	0.75	1/500	125	0
10	0.75	1/500	150	0
11	1	1/500	50	0.8
12	1	1/500	75	0.95
13	1	1/500	100	0.66
14	1	1/500	125	0.3
15	1	1/500	150	0.06
16	1.25	1/500	50	0.77

续表

方案	入沟流量 $Q/(\mathrm{L/s})$	田面纵坡 i	沟长 L/m	均匀度 DU
17	1.25	1/500	75	0.87
18	1.25	1/500	100	0.94
19	1.25	1/500	125	0.64
20	1.25	1/500	150	0.35
21	1.5	1/500	50	0.76
22	1.5	1/500	75	0.79
23	1.5	1/500	100	0.91
24	1.5	1/500	125	0.9
25	1.5	1/500	150	0.62
26	0.5	1/750	50	0.68
27	0.5	1/750	75	0.07
28	0.5	1/750	100	0
29	0.5	1/750	125	0
30	0.5	1/750	150	0
31	0.75	1/750	50	0.95
32	0.75	1/750	75	0.65
33	0.75	1/750	100	0.2
34	0.75	1/750	125	0
35	0.75	1/750	150	0
36	1	1/750	50	0.9
37	1	1/750	75	0.98
38	1	1/750	100	0.61
39	1	1/750	125	0.27
40	1	1/750	150	0.04
41	1.25	1/750	50	0.89
42	1.25	1/750	75	0.91
43	1.25	1/750	100	0.92

续表

方案	入沟流量 Q/(L/s)	田面纵坡 i	沟长 L/m	均匀度 DU
44	1.25	1/750	125	0.59
45	1.25	1/750	150	0.3
46	1.5	1/750	50	0.88
47	1.5	1/750	75	0.84
48	1.5	1/750	100	0.95
49	1.5	1/750	125	0.85
50	1.5	1/750	150	0.56
51	0.5	1/1000	50	0.66
52	0.5	1/1000	75	0.06
53	0.5	1/1000	100	0
54	0.5	1/1000	125	0
55	0.5	1/1000	150	0
56	0.75	1/1000	50	0.96
57	0.75	1/1000	75	0.62
58	0.75	1/1000	100	0.18
59	0.75	1/1000	125	0
60	0.75	1/1000	150	0
61	1	1/1000	50	0.95
62	1	1/1000	75	0.94
63	1	1/1000	100	0.58
64	1	1/1000	125	0.24
65	1	1/1000	150	0.03
66	1.25	1/1000	50	0.94
67	1.25	1/1000	75	0.94
68	1.25	1/1000	100	0.87
69	1.25	1/1000	125	0.54
70	1.25	1/1000	150	0.27
71	1.5	1/1000	50	0.93

续表

方案	入沟流量 Q/(L/s)	田面纵坡 i	沟长 L/m	均匀度 DU
72	1.5	1/1000	75	0.9
73	1.5	1/1000	100	0.98
74	1.5	1/1000	125	0.79
75	1.5	1/1000	150	0.51

由表 7.2 分析可知，在干旱地区细流沟灌对于提高灌水效率具有重要的意义。在土质为砂质黏壤土条件下，入沟流量为 0.75L/s 时，无论采用较陡的坡度 1/500 还是较缓的坡度 1/1000，只有当沟长小于 50m 时，灌水均匀度才大于 0.9。以灌水均匀度大于 0.9 为较优灌水质量来评价，入沟流量为 1L/s 时，坡度为 1/500，最佳沟长为 75m，坡度为 1/750 和 1/1000，沟长不得超过 80m；入沟流量为 1.25L/s 时，坡度为 1/500，最佳沟长为 100m，坡度为 1/750，沟长不得超过 100m，坡度为 1/1000，只有当沟长小于 95m 时，灌水均匀度才大于 0.9；入沟流量为 1.5L/s 时，坡度为 1/500、1/750、1/1000，100m 沟长均能达到较高均匀度。

7.3　灌水参数优化组合

绘制不同田面坡度情况下，灌水均匀度与入沟流量、沟长之间的关系曲线，如图 7.1～图 7.4 所示。

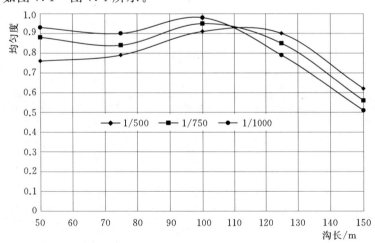

图 7.1　灌水均匀度与坡度之间的关系曲线图（q＝1.5L/s）

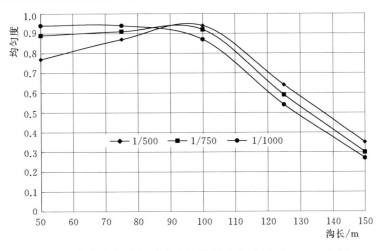

图 7.2　灌水均匀度与坡度之间的关系曲线图（$q=1.25L/s$）

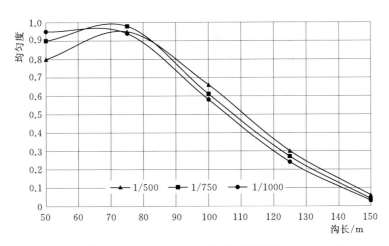

图 7.3　灌水均匀度与坡度之间的关系曲线图（$q=1.0L/s$）

由图 7.1 看出，入沟流量为 1.5L/s 条件下，随着沟长的增加，田面坡度为 1/500 的灌水均匀度表现为先增加后减小，而田面坡度为 1/750 和 1/1000 的灌水均匀度均表现为先减小后增加再减小的趋势。当沟长小于 112m 时，灌水均匀度随着田面坡度的减小而增大，当沟长大于 112m 时反之，这是因为在沟长较长时，沟内水流难以到达沟尾所致。在该入沟流量下，田面坡度为 1/1000、沟长为 98m 时灌水均匀度最大，达到 0.99。因此，当入沟流量为 1.5L/s 时，灌水均匀度在 0.9 以上的组合是：坡度 1/500，沟长 100～125m；坡度 1/750，沟长 90～120m；坡度 1/1000，沟长分别为 50～110m。

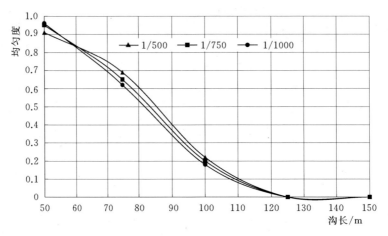

图 7.4　灌水均匀度与坡度之间的关系曲线图（$q=0.75L/s$）

由图 7.2 看出，入沟流量为 1.25L/s 条件下，随着沟长的增加，田面坡度为 1/500、1/750 和 1/1000 的灌水均匀度均表现为先增加后减小的趋势。当沟长小于 87m 时，灌水均匀度随着田面坡度的减小而增大，当沟长大于 87m 时反之，在该入沟流量下，田面坡度为 1/500、沟长为 96m 时灌水均匀度最大，达到 0.95。因此，当入沟流量为 1.25L/s 时，灌水均匀度在 0.9 以上的组合是：坡度 1/500，沟长为 80~105m；坡度 1/750，沟长 60~100m；坡度 1/1000，沟长为 50~95m。

由图 7.3 看出，入沟流量为 1.0L/s 条件下，随着沟长的增加，田面坡度为 1/500、1/750 和 1/1000 的灌水均匀度均表现为先增加后减小的趋势。当沟长大于 85m 时，灌水均匀度随着田面坡度的增加而增加，在该入沟流量下，田面坡度为 1/750、沟长为 72m 时灌水均匀度最大，达到 0.98。因此，当入沟流量为 1.0L/s 时，灌水均匀度在 0.9 以上的组合是：坡度 1/500，沟长 60~80m；坡度 1/750，沟长为 50~80m；坡度 1/1000，沟长为 50~80m。

由图 7.4 看出，入沟流量为 0.75L/s 和 0.5L/s 条件下，随着沟长的增加，各田面坡度的灌水均匀度均减小，特别是当入沟流量为 0.5L/s 时，随着沟长的增加，灌水均匀度迅速减小，说明入沟流量较小时，达到沟尾的水量较少，造成灌水均匀度差。入沟流量为 0.75L/s 时，灌水均匀度在 0.9 以上的组合是：坡度 1/500，沟长 50m；坡度 1/750，沟长 50~55m；坡度 1/1000，沟长 50~55m。入沟流量 0.5L/s，模拟方案内没有灌水均匀度大于 0.9 的组合。

第8章 沟底覆膜灌水技术试验研究

沟灌在将灌溉水沿沟灌入田间的过程中，如灌水技术参数选择不合理，会产生较大的深层渗漏，灌溉水的使用效率降低，为此提出沟底覆膜沟灌技术。该技术是将地膜平铺于沟中，沟底全部被地膜覆盖，灌溉水从膜上输送到田间的沟灌技术方法。沟膜沟灌技术适于在灌溉水下渗较快的偏砂质土壤上应用，可大幅度减少灌溉水在输送过程中的下渗浪费。该技术由于沟底覆盖，大大减少了灌溉时的深层渗漏，减少无效蒸发，具有保墒、集雨、节水、增产等效果，适宜于玉米、瓜类及蔬菜种植及春小麦垄作沟灌。

8.1 试验设计

8.1.1 试验用地

本试验于 2018 年与 2019 年在甘肃省水利科学研究院民勤县试验基地进行。试验区土质 0~60cm 为黏壤土，60cm 以下逐渐由黏壤土变为壤土，土壤平均容重为 1.54g/cm³，灌溉水为井水，矿化度 0.91g/L。试验区土壤质地及物理性质见表 8.1，土壤基础养分见表 8.2。

表 8.1 试验区土壤质地及物理性质表

土层深度/cm	土壤质地	干容重/(g/cm³)	田间持水率/%
0~20	黏壤土	1.38	27.77
20~40	壤土	1.48	32.78
40~60	壤土	1.56	35.68
60~80	壤土	1.61	38.14
80~100	壤土	1.68	41.26

表 8.2 试验区土壤基础养分含量 单位：g/kg

名称	全磷	全钾	全氮	速效磷	速效钾	碱解氮
含量	0.84	29.93	0.75	50.85	163.2	146.93

8.1.2　试验设计

　　试验共设不同灌溉制度处理 3 个，每处理重复 3 次，共 9 个试验小区（图 8.1），每个试验小区长 60m，宽 2.55m，面积 153m²，每个处理间设宽度 0.8m 的保护带。春小麦每年 3 月 21 日播种，7 月 20 日收获。试验地休闲期深耕、冬灌，冬灌水量 1500m³/hm²。播前深翻、耙耱、压实，机械开沟起垄播种，沟深 15cm，沟口宽 45cm，沟底宽 15cm，垄宽 45cm。作物种植于垄面，种植小麦 4 行。

图 8.1　垄作沟灌春小麦灌浆期灌水试验图（彩图见书后）

　　小麦生育期追肥一次，第一次灌水前施入，灌溉采用管道灌溉系统直接灌入沟内，灌水量采用水表计量，灌水时控制沟内水深低于垄面。小麦生育期灌水 5 次。试验设计灌水量见表 8.3。垄作沟灌春小麦灌浆期长势如图 8.2 所示，春小麦黄熟期如图 8.3 所示。

表 8.3　　　　　　　春小麦垄作沟灌灌溉制度试验设计　　　　　　单位：m³/亩

处理	出苗分蘖期	拔节抽穗期	抽穗开花期	乳熟期	黄熟期	灌溉定额
LGT1	40	40	40	40		160
LGT2	40	40	40	40	40	200
LGT3（沟底覆膜）	40	40	40	40	40	200

图 8.2 垄作沟灌春小麦灌浆期长势图（彩图见书后）

图 8.3 春小麦黄熟期图（彩图见书后）

8.1.3 观测项目与方法

试验主要观测项目包括土壤水分、小麦生育期株高、干物质积累和产量情况。试验对气象因子、土壤水分、温度以及作物参数进行测定，其中气象因子用智能化自动气象工作站现场采集。

（1）土壤水分含量。土壤水分含量测定主要测定垄面中部不同深度土壤水分，分别于播种前 2d、作物整个生育期内每隔 5～10d 以及作物收获后各测一次，灌水前后加测。深度共分 5 层：0～20cm、20～40cm、40～60cm、60～80cm、80～100cm，测定方法采用烘干称重法（105℃，12h）测定，同时采用 ECH_2O 土壤水分温度自动监测系统测定，进行对比验证。

（2）株高和茎粗。在成熟期，随机取样 20 株，用钢卷尺测定株高，用游标卡尺测定节间长度、茎粗。

（3）干物质。在拔节期、孕穗期、开花期、灌浆期每小区各取 5 株小麦，叶面积测定完后，将去掉根部（从地表外剪断）的地上部分全部有机物质装入牛皮纸信封，在 80℃恒温下烘干 24h，用电子天平称其重。

（4）产量测定。小麦成熟后，每个小区随机选取 1 个 $1m^2$ 的样方，将样方内的所有小麦穗脱粒称重，样本籽粒晾晒达到标准后，除去空、秕粒，采用随机选取 1000 粒小麦籽粒，称重，3 次重复（组内差值不大于 3%）取均值，为千粒重。各小区内选 5 株，取地上部分，风干后称重，测定其干物质量；在每个小区内随机选择 5 株春小麦进行测种，测量小麦的穗长、小穗数并记录穗粒数。

（5）灌水量。灌水量采用水表量测，分别记录灌水前、灌水后水表数据，计算灌水量。

8.2 土壤水分变化特征

不同灌水处理对春小麦种植的影响首先体现在土壤水分变化上，最终影响作物的生长及产量。

8.2.1 不同处理土壤水分垂直分布

试验地播种前均进行了冬灌，因此 3 月 21 日播种时均有较高的含水量。以 2018 年试验结果为例，图 8.4 为 3 个处理播种前土壤含水量剖面图。由图 8.4 可以看出，含水量随深度变化存在上小下大情况，主要是由于土壤尚未完全解冻，深层的冬灌水量无法向上运动至地表所致。

图 8.5～图 8.9 为 5 次灌水后各处理土壤含水量垂直分布图。由图 8.5～图 8.9 可以看出，无论灌水定额高低，无论是否沟底覆膜，均存在一定量的水分渗至耕作层以下，降低了土壤水分的有效利用率。尤其是拔

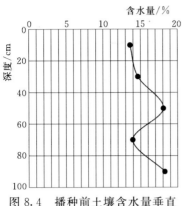

图 8.4 播种前土壤含水量垂直
分布图

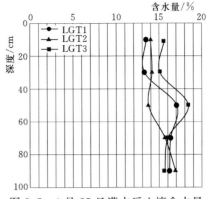

图 8.5 4 月 25 日灌水后土壤含水量
垂直分布图

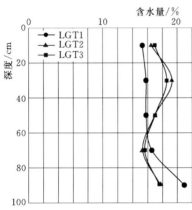

图 8.6 5 月 22 日灌水后土壤含水量
垂直分布图

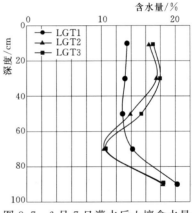

图 8.7 6 月 7 日灌水后土壤含水量
垂直分布图

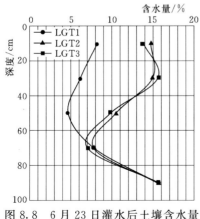

图 8.8 6 月 23 日灌水后土壤含水量
垂直分布图

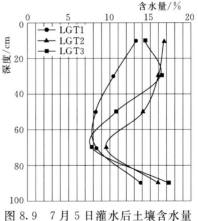

图 8.9 7 月 5 日灌水后土壤含水量
垂直分布图

节期-抽穗期、抽穗期-开花期，渗入 60～80cm、80～100cm 土层的水量较多，说明灌溉过程中存在深层渗漏现象。

8.2.2　不同处理土壤水分动态

研究土壤水动态变化，可以分析灌溉制度设计的合理性。为此以时间为自变量绘制生育期不同处理 100cm 土层内平均含水量变化，结果见图 8.10。

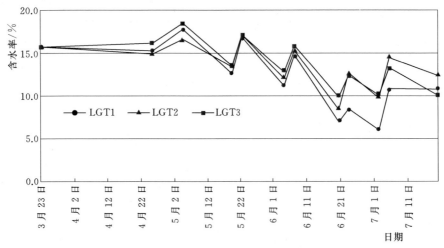

图 8.10　100cm 土层内土壤平均含水量动态变化

由图 8.10 可知，LGT3 地膜覆盖处理能减少深层渗漏和蒸发，明显提高了垄体中的土壤水分含量，LGT1 处理减少灌浆-乳熟期灌水，该阶段土壤水分含量近凋萎系数，严重影响作物产量。

8.3　不同处理春小麦生长特征

8.3.1　春小麦群体动态变化规律

在生育期初期，由于小麦分蘖作用，群体总茎数增加，在拔节期前后达到最大的总茎数，而在拔节期后，无效分蘖逐渐死亡，群体茎数呈下降的趋势（表 8.4）。LGT3 处理由于沟底覆膜土壤保墒较强，分蘖茎数较高。从最终的成穗数量分析，垄作沟灌春小麦的 LGT2 处理、LGT3 处理最终成穗数稍大于前期基本苗数量，说明小麦部分分蘖最终成穗穗数与基本苗数有一定差异。LGT1 处理在黄熟期没有灌水，导致小麦在生长过程中，一部分植株因缺水而死亡，进而导致最终成穗数要低于基本苗数量。

表 8.4	不同处理群体动态变化		单位：万株/hm²	
处理	4 月 12 日	5 月 12 日	6 月 15 日	7 月 16 日
LGT1	481.3	618.3	520.2	502.8
LGT2	506.3	677.3	593.8	533.4
LGT3	534.9	687.4	633	552.9

8.3.2 春小麦生长发育动态

春小麦的株高在一定程度上反映了植株的营养生长状况，对其分析比较可以发现灌溉量在春小麦营养生长和生殖生长阶段所起的作用及其变化规律。春小麦不同处理株高随生育期变化如图 8.11 所示。垄作沟灌春小麦株高总体表现是营养生长期快速增长，当春小麦拔节后进入营养生长和生殖生长并行时期，增长速度逐渐放缓，随着生育进程的推进，进入生殖生长基本稳定时期，株高基本稳定。各处理春小麦整个生育期平均株高为 68.68cm，LGT3 株高最高为 71.22cm，高于平均值 4%，说明沟底覆膜措施对春小麦全生育期内的株高有着显著的提升作用。

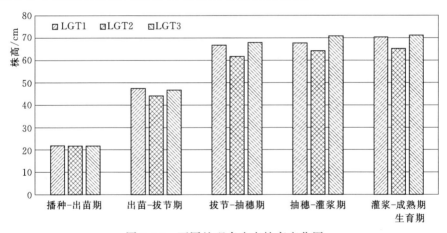

图 8.11 不同处理春小麦株高变化图

从图 8.11 可以看出，水分对植株的生长起到决定性作用，春小麦株高随着灌水量的增大而增大。苗期春小麦株高相对差异不明显，说明不同处理的灌水量均能满足苗期水分需求。

8.3.3 叶面积指数

叶面积指数是衡量作物生长状况的重要指标之一，其大小决定作物光合作用，而作物光合作用是作物干物质积累的重要来源，也直接与作物最后产量密切相关。当叶面积指数过大，会对作物生长产生一些不利影响，例如会减少通风和阳光的透光，还会减少作物下部分的受光时间，这造成其自身光合作用的能力降低，容易造成作物产量降低；叶面积指数过低则不能充分利用阳光，同样造成作物产量降低。不同处理春小麦面积指数变化如图 8.12 所示。

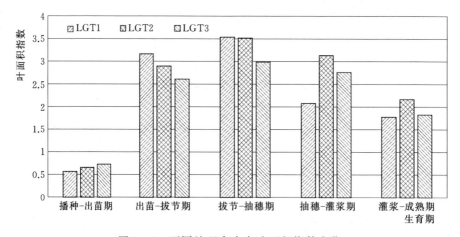

图 8.12　不同处理春小麦叶面积指数变化

8.3.4　干物质积累

作物干物质是光合作用的产物，其重量是表征作物生长状况的基本特征量之一。干物质积累量的多少在一定程度上反映群体光合能力的大小，一般情况下，干物质积累量越多，供给籽粒实体的营养越高，最终形成的产量也越高。

春小麦不同灌水处理干物质积累随生育期变化如图 8.13 所示。从图 8.13 中可以看出，春小麦的地上部分干物质重量整体呈现出"慢—快—慢"的增长趋势。垄作沟灌春小麦出苗-拔节期平均增长 $0.083 \sim 0.109$ g/d，拔节-抽穗期平均增长 $0.303 \sim 0.352$ g/d，抽穗-灌浆期平均增长 $0.443 \sim 0.554$ g/d，灌浆-成熟期平均增长 $0.405 \sim 0.496$ g/d。可见，春小麦出苗-拔节期干物质增长较慢，抽穗-灌浆期干物质增加迅速，灌浆-成熟期增长速度减缓。拔节-抽穗期起，每个生育期 LGT3 平均增长均为最大，拔节-抽穗期为 0.352g/d，较其他处理高 $8.64\% \sim 16.17\%$，抽穗-灌浆期为 0.554g/d，较其他处理高 $9.70\% \sim 25.06\%$，灌浆-成熟期为

0.496g/d，较其他处理高 2.90%～22.47%，可见，沟底覆膜方式对春小麦干物质积累速度有明显的促进作用。

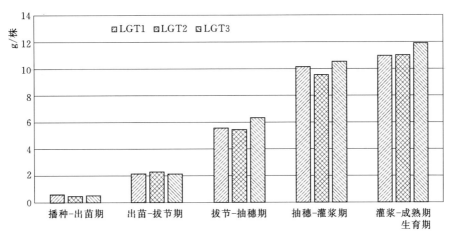

图 8.13 不同处理春小麦干物质积累过程

8.4 不同处理春小麦产量及耗水

8.4.1 产量及构成要素分析

灌水量的大小对土壤层含水量影响较大，而土壤水分状况对作物的生长状况、产量高低产生直接影响。影响春小麦产量高低的因素很多，包括小麦的品种、穗粒数、穗粒重、千粒重等要素。垄作沟灌春小麦不同灌水量处理产量及构成要素见表 8.5。

表 8.5 垄作沟灌春小麦不同灌水量处理产量及构成要素

处理	穗重/g	穗粒数/粒	穗粒重/g	千粒重/g	产量/(kg/hm²)
LGT1	2.65	42.00	1.93	43.27	5292.64
LGT2	2.55	40.00	1.88	43.36	5877.52
LGT3	2.72	42.00	1.98	43.98	6102.17

从表 8.5 可以看出，垄作沟灌春小麦 LGT2 与 LGT1、LGT3 各处理穗重差异显著，LGT3 穗重最重，较其他处理重 1.43%～16.39%，产量显著高于其他处理。

8.4.2　耗水量及水分生产率

采用水量平衡方法计算垄作沟灌春小麦不同灌溉定额处理的生育期耗水量，根据测产结果计算水分生产率见表 8.6。

由表 8.6 可以看出，垄作沟灌春小麦各处理生育期耗水量为 331.32～399.42mm，相比小畦灌等传统地面灌灌水技术，全生育期耗水明显降低。各处理日耗水强度为 2.81～3.38mm/d。抽穗-灌浆期日耗水强度最大，拔节-抽穗期日耗水强度次之，该阶段春小麦生长发育旺盛，同时气温较高，

表 8.6　　　　　　不同灌水处理垄作沟灌春小麦灌溉定额和产量

处理	灌溉定额 /mm	耗水量 /mm	产量 /(kg/hm²)	灌溉水生产率 /(kg/mm)	水分生产率 /(kg/mm)
LGT1	240	331.32	5292.65	2.21	1.60
LGT2	300	392.46	5877.52	1.96	1.50
LGT3	300	399.42	6102.17	2.03	1.53

植株蒸腾与地面蒸发作用强烈，故耗水强度最大；出苗-拔节期耗水强度较大；苗期小麦生长发育缓慢，同时气温较低，棵间蒸发较小，故耗水强度最小。

分析各处理的灌溉水生产率和水分生产率，LGT1 处理最高，分别为 2.21kg/mm 和 1.60kg/mm，LGT3 虽然产量最高，但灌溉水生产率和水分生产率未达到最高值，但与相同灌溉定额的 LGT2 处理相比较，灌溉水生产率和水分生产率相对较高。因此在水量不是最严格约束条件下，应选择产量最高的 LGT3。

第9章 应用与展望

9.1 应用

随着国家越来越强调粮食安全，作为北方的主要粮食作物春小麦，其今后的播种面积将不会显著减少。春小麦目前仍采用传统的平作方式和地面灌溉技术，由于水资源使用效率低下，不符合高质量发展的要求，因此，为确保国家粮食安全，不断夯实我国经济社会发展的基础，有必要采用先进的灌水技术对其进行改造。春小麦垄作沟灌技术作为节水和保护性耕作的重要措施有着广阔的发展前景，能够行之有效地缓解节水与增产之间的矛盾。

本研究以土壤水动力学基本理论为基础，通过室内试验、数值模拟与室外现场试验，对甘肃省石羊河流域民勤沙漠绿洲区春小麦垄作沟灌技术参数进行了系统研究，取得了可用于指导生产实践的成果，为这项技术的应用与效益发挥奠定了良好理论基础。

（1）垄作沟灌技术具有节水、抗病、增产、低耗、高效的特点，能协调田间水、肥、气、热关系，促进作物生长，降低耕作对农田环境影响，具有广阔的推广应用前景。目前，我国地面灌溉技术，由于存在农田土地平整程度差，田间灌溉工程规格不合理、灌水技术落后、灌溉管理粗放等问题，致使田间水利用率不高。在西北干旱区春小麦、大麦、油菜、大豆、棉花、胡麻等密植粮食及经济作物种植中，通过应用垄作沟灌技术，可以大幅度减少灌溉过程中的水量损失与浪费，对改变我国地面灌溉的落后状况，缓解农业水资源短缺的矛盾，促进灌溉农业的可持续发展具有重要的现实意义。

（2）在干旱半干旱区牧草灌溉中推广应用，提高灌溉水利用效率与效益。我国的牧草地70％分布在北方干旱、半干旱地区。西北牧区年降雨量多在200mm以下，一般牧草的全生育期都需灌溉；东北、华北等地年降雨量多在500mm左右，且集中在夏秋季节，一般需在春季及夏初对牧草进行灌溉。在牧草生长过程中的缺水敏感时期，进行人工灌溉补充水分，可提高牧草产量与质量。牧草灌溉的常用方式有漫灌、沟灌与喷灌。采用漫灌方式，水资源使用效率低，光热资源不能充分利用。喷灌技术由于投资大，在多风气候下蒸发飘移损失大，在干旱半干旱地区牧草中应用投入高、产出低。传统沟灌技术，虽有较好的节水效果，但由于大面积改变地面微地形，为牧草的刈割和收获带来不便。根据本研究的成果，将垄作沟灌技术推广至牧草灌溉，既可克服漫灌水资源使用效率低、喷灌技术投资大、沟灌影响耕作的缺点，还可充分利用垄作沟灌技术协调田间水、肥、气、热关系，促进作物生长的特点，发挥节水、抗病、增产、低耗、高效的优势。

（3）应用本研究的理论成果，可指导不同地区小麦垄作沟灌技术工作。我国有悠久的垄作栽培历史，但将垄作技术与节水沟灌技术结合，起步于 20 世纪 80 年代。对垄作沟灌的水分入渗规律、土壤水分运移规律，垄作沟灌条件下的水、肥、气、热关系，灌水质量评价指标体系与灌水技术参数优化方法等的研究，尚未形成完整的理论体系。本研究开展的春小麦垄作沟灌入渗规律、垄作沟灌水流运动、垄作沟灌灌水质量评价指标体系、垄作沟灌灌水技术参数优化研究，提出的垄作沟灌入渗模型、耕作技术参数（垄宽、沟深、沟宽）、垄作沟灌灌水质量评价指标、灌水技术参数优化组合等成果，可应用于更广泛区域、春小麦以外其他作物垄作沟灌技术的指导，其中的部分研究成果，对丰富沟灌相关技术理论，开展进一步相关研究，均具参考价值。

（4）沟覆膜垄作灌水技术更具节水潜力，应加大配套技术措施研究，加大推广应用力度。本研究基于垄作沟灌水分入渗规律研究成果，利用沟灌侧向湿润土壤的原理，从降低深层渗漏出发，提出了沟覆膜垄作灌水技术，现场试验研究证明，该项技术更具节水潜力，在今后配套农机具开发成功的基础上，可作为替代垄作沟灌的先进灌水技术，应用于春小麦等密植作物种植。

9.2 展望

为了更有效、大范围推广应用春小麦垄作沟灌技术，还需加强以下几方面研究与技术工作：

（1）进一步在田间验证垄作沟灌适宜垄沟比例的合理性，深入研究作物根系生长范围与土壤含水量的相互匹配问题，对于不同作物种类，其根系范围和生育期对土壤含水量的要求不同，同时受到土壤表面蒸发的影响，确定适宜的垄沟比例涉及复杂的土壤水动力、植物生理过程和灌水技术参数等方面，需要做进一步的研究，以建立不同土壤条件下，土壤水分分布与各种作物根系吸水要求之间最佳匹配关系。开展甘肃省河西内陆其他地区春小麦垄作沟灌技术研究，研究气候、土壤等差异对春小麦垄作沟灌技术的影响，补充完善春小麦垄作沟灌技术参数的取值范围与优化组合，增强本技术在甘肃省河西内陆区推广的适用性。

（2）开展垄作沟灌条件下水、热耦合的试验研究，探寻春小麦生长指标调控机理及效应，提出更为合理的水分控制范围。进一步对春小麦根系吸水条件下的垄作沟灌土壤水分运动特性进行研究，探讨各灌水技术要素对春小麦品质的影响。

（3）进行春小麦垄作沟灌水-肥耦合的试验研究，建立施肥条件下垄作沟灌灌水与施肥耦合的评价体系，研究垄作沟灌条件下的最优灌水施肥方法，推进春小麦垄作沟灌水-肥一体化进程。有效运用秸秆还田、增施有机肥等农业措施，改善土壤的有机质含量、作物产量和水分利用率，达成节水和生态双赢的状态。

（4）在垄作沟灌耕作技术与灌水技术参数研究成果基础上，开展春小麦垄作沟灌技术配套农机具的改进研究与产品研发。农机具的使用对技术的实现至关重要，只有使用性能良好、参数配套的农机具，才能做到耕作技术参数、灌水技术参数精确，灌水精准，技术效果良好。田间的管理措施也在很大程度上影响着灌溉的效果，田间管理措施包括激光控制土地平整技术、3S技术、田间灌水控制技术、秸秆还田、增施有机肥等。借助激光控制技术、GPS与GIS技术、计算机模拟技术、自控技术等现代高科技手段，可以获得显著的节水、增产、环保效果。

（5）沟覆膜垄作灌水技术是本研究在总结现状覆膜技术与垄作技术基础上提出的，只开展了两年的现场试验，结果表明节水效果良好。但尚未进行深入的理论研究，灌溉制度及灌水技术参数只是初步成果，配套农机具需要在现有基础上改造而来，为进一步推广应用该项技术，还需加强相关研究。

参 考 文 献

艾应伟，陈实，张先婉，等，1997. 垄作不同土层施肥对小麦生长凡氮肥肥效的影响 [J].
　植物营养与肥料学报，3（3）：255-261.

白美健，李益农，涂书芳，等，2016. 畦灌关口时间优化改善灌水质量分析 [J]. 农业工
　程学报，32（2）：105-110.

白寅祯，魏占民，张健，等，2016. 基于 WinSRFR 软件的河套灌区水平畦田规格的优化
　[J]. 排灌机械工程学报，34（9）：823-828.

柏立超，邵运辉，岳俊芹，等，2009. 垄作模式下冬小麦边际效应研究 [J]. 河南农业科
　技，32（6）：42-46.

包奇军，徐银萍，张华瑜，等，2013. 不同垄作沟灌模式对啤酒大麦产量和品质的影响
　[J]. 中国种业，（8）：69-71.

边金霞，2008. 春小麦垄作沟灌节水栽培技术 [J]. 甘肃科技，24（20）：169-170.

蔡典雄，1993. 关于持续性保持耕作体系的探讨 [J]. 土壤学进展，21（1）：1-8.

蔡焕杰，徐家屯，王健，等，2016. 基于 WinSRFR 模拟灌溉农田土壤入渗参数年变化规
　律 [J]. 农业工程学报，32（2）：92-98.

柴武高，2012. 啤酒大麦垄作沟灌节水栽培技术 [J]. 科学种养，（2）：14.

陈翠贤，2010. 景电灌区小麦垄作沟灌节水增效新技术 [J]. 中国农业信息，（4）：27,41.

陈洪松，邵明安，2002. 推求非饱和土壤水分运动参数的间接方法 [J]. 应用基础与工程
　科学学报，10（2）：103-109.

成雪峰，2005. 不同水分处理对春小麦生态生理指标的影响 [D]. 兰州：甘肃农业大学.

程勤波，陈喜，凌敏华，等，2010. 变水头入渗试验推求垂向渗透系数的计算方法 [J].
　水科学进展，21（1）：50-55.

戴德，1998. 高寒山区冷浸田免耕垄作技术增产机理浅析 [J]. 安徽农业科学，26（2）：
　126-128.

戴德，1998. 高寒山区冷浸田水稻半旱式免耕垄作技术的增产机理 [J]. 农业科技通
　讯，（8）：26-27.

邓斌，2007. 河西绿洲灌区不同耕作方式下春小麦土壤水分动态变化与产量效应研究 [D].
　兰州：甘肃农业大学.

邓贺明，胡亚敏，冯家春，等，2003. 小麦倒伏对产量因素的影响及补救方法 [J]. 安徽
　农业科学，31（3）：424-425.

邓忠，2005. 固定道耕作结合垄作沟灌对河西走廊春小麦水分利用的影响 [D]. 兰州：甘
　肃农业大学.

杜园园，王同朝，刘永忠，等，2012. 交替灌溉方式土壤水分运移及垄体参数初探 [J].
　山西农业科学，40（7）：738-741.

范严伟，2001. 膜孔灌溉入渗特性的数值模拟研究 [D]. 杨凌：西北农林科技大学.

方正三，杨文治，周佩华，1958. 黄河中游黄土高原梯田的调查研究［M］. 北京：科学出版社.

费良军，谭奇林，王文焰，1999. 由膜孔灌水流推进和消退资料推求点源入渗参数［J］. 灌溉排水，18（1）：6-9.

费良军，谭奇林，王文焰，等，2000. 充分供水条件下多因子点源入渗模型研究［J］. 西安理工大学学报，(1)：19-22.

费良军，王文焰，1999. 由波涌灌灌水资料推求土壤入渗参数和减渗率系数［J］. 水利学报，(8)：26-29.

费良军，王云涛，魏小抗，1995. 波涌畦灌水流运动的零惯量数值模拟［J］. 水利学报，26（8）：83-89.

费良军，王云涛，1993. 地面灌溉田面水流运动理论的研究现状［J］. 水资源与水工程学报，(1)：45-46.

费良军，1993. 由灌溉水流推进资料确定土壤入渗参数［J］. 水资源与水工程学报，(4)：16-20.

高传昌，王兴，汪顺生，等，2013. 小麦、玉米一体化垄作水流特性及灌水质量研究［J］. 灌溉排水学报，32（5）：7-10.

郭相平，林性粹，1996. 水平畦灌设计理论的研究进展［J］. 水利水电科技进展，16（5）：1-3.

郭元裕，1997. 农田水利学［M］. 3版. 北京：中国水利水电出版社.

韩晓礼，2010. 马铃薯不同垄宽栽培的效果［J］. 农技服务，27（11）：1397.

郝建平，张驰，庞亨辉，2004. 晋中市小麦生产成本效益分析及节本增效栽培技术研究［J］. 山西农业科学，32（3）：17-20.

何菊，2007. 畦作沟灌小麦起垄播种机的研究与设计［D］. 兰州：甘肃农业大学.

胡笑涛，2001 地下滴灌灌水均匀度试验研究［D］. 杨凌：西北农林科技大学.

胡延吉，兰进好，1999. 不同时期个主栽小麦品种干物质积累及分配特性的研究［J］. 山东农业大学学报，30（4）：404-408.

贾生海，张虎如，1997. 河西灌溉农业的演变［J］. 干旱地区农业研究，15（2）：115-120.

贾玉柱，王长生，1993. 小麦垄作栽培试验［J］. 现代化农业，(12)：13-15.

蒋定生，黄国俊，1986. 黄土高原土壤的入渗速率研究［J］. 土壤学报，23（4）：299-304.

蒋以超，张一平，1993. 土壤化学过程的物理化学［M］. 北京：中国科学技术出版社.

缴锡云，雷志栋，张江辉，2001. 估算土壤入渗参数的改进 Maheshwari 法［J］. 水利学报，(1)：62-67.

缴锡云，王维汉，王志涛，等，2013. 基于田口方法的畦灌稳健设计［J］. 水利学报，44（3）：349-354.

缴锡云，王文焰，雷志栋，等，2001. 估算土壤入渗参数的改进 Maheshwari 法［J］. 水利学报，(1)：62-67.

缴锡云，王文焰，张江辉，等，1991. 膜孔灌溉地表水流运动的计算机模拟［J］. 河北工程技术高等专科学校学报，(1)：1-5.

缴锡云，1999. 膜孔灌溉理论与技术要素的试验研究［D］. 西安：西安理工大学.

金建新，张新民，单于洋，等，2015. 根据灌水资料推求灌水沟土壤水分入渗参数和糙率的方法研究 [J]. 灌溉排水学报，34（3）：48-51.

金建新，张新民，单鱼洋，等，2015. 基于灌水资料推求沟灌土壤入渗参数和糙率的方法研究 [J]. 灌溉排水学报，（3）：10.

金建新，张新民，徐宝山，等，2014. 基于 SRFR 软件垄沟灌土壤水分入渗参数反推方法评价 [J]. 干旱地区农业研究，32（4）：59-64.

金建新，2014. 干旱区沟灌水流运动和入渗模型研究及数值模拟 [D]. 兰州：甘肃农业大学.

康绍忠，蔡焕杰，1996. 农业水管理学 [M]. 北京：中国农业出版社.

匡尚富，高占义，许迪，2001. 农业高效用水灌排技术应用研究 [M]. 北京：中国农业出版社.

雷国庆，樊贵盛，2016. 基于 WinSRFR 的畦灌灌水技术参数的多目标模糊优化 [J]. 灌溉排水学报，35（8）：58-62.

雷志栋，杨诗秀，谢传森，1988. 土壤水动力学 [M]. 北京：清华大学出版社.

雷志栋，1991. 水平土柱法测定非饱和土壤导水率 [J]. 水利学报，（5）：1-7.

李春燕，李红艳，石丽霞，2011. 压力膜仪法在测定土壤水分特征曲线中的应用 [J]. 人民黄河，33（9）：60-61.

李佳宝，魏占民，徐睿智，等，2014. 基于 SRFR 模型的畦灌入渗参数推求及模拟分析 [J]. 节水灌溉，（2）：1-3.

李久生，饶敏杰，2003. 地面灌溉水流特性及水分利用率的田间试验研究 [J]. 农业工程学报，19（3）：54-58.

李生秀，2003. 西北地区农业持续发展面临的问题和对策 [J]. 干旱地区农业研究，21（3）：1-10.

李淑芹，王全九，2011. 垂直线源入渗土壤水分分布特性模拟 [J]. 农业机械学报，42（3）：51-57.

李益农，许迪，2001. 田面平整精度对畦灌系统性能影响的模拟分析 [J]. 农业工程学报，17（4）：43-48.

李益农，许迪，2001. 影响水平畦田灌溉质量的灌水技术要素分析 [J]. 灌溉排水，20（4）：10-14.

李援农，马孝义，2002. 节水灌溉新技术 [J]. 节水农业，（6）：13-14.

李占武，2013. 渭源县春小麦垄作沟灌技术试验研究 [J]. 甘肃农业，（17）：20-21.

李佐同，侯海鹏，薛盈文，2009. 垄作栽培对小麦品质与产量的影响 [J]. 黑龙江八一农垦大学学报，（4）：1-4.

连彩云，马忠明，张力勤，等，2007. 垄宽对春小麦产量以及土壤水分的影响研究 [J]. 甘肃农业科技，（7）：5-6.

连彩云，马忠明，张立勤，2012. 绿洲灌区垄作沟灌啤酒大麦的产量及节水效应研究 [J]. 麦类作物学报，32（1）：145-149.

林性粹，郭相平，1995. 阶式水平畦灌数学模型及其应用 [J]. 西北农业大学学报，11（3）：1-4.

刘才良，路振广，1993. 成层土上畦灌非恒定流方程的求解 [J]. 河海大学学报，（3）：59-64.

刘僧仁，路京选，1989. 沟灌二维入渗条件下累计入渗量变化规律的研究 [J]. 水利报，(4)：11-21.

刘刚才，高美荣，朱波，等，1999. 等高垄作垄沟的水土流失特点研究 [J]. 水土保持通报，19 (3).

刘洪禄，杨培岭，1997. 畦灌田面行水流动的模型与模拟 [J]. 中国农业大学学报，2 (4)：66-72.

刘彦随，吴传钧，2000. 农业持续发展研究进展及其理论 [J]. 经济地理，20 (1)：63-68.

刘颖，2013. 春小麦优质高产综合配套栽培技术措施 [J]. 中国农业信息，(21)：56.

刘钰，蔡甲冰，白美健，等，2005. 黄河下游簸箕李灌区田间灌水技术评价与改进 [J]. 中国水利水电科学研究院学报，3 (1)：32-39.

刘钰，惠士博，1986. 畦灌最优灌水技术参数组合的确定 [J]. 水利学报，(1)：1-10.

刘钰，1987. 畦田水流运动的数学模型及数值计算 [J]. 水利学报，(2)：1-10.

卢德明，1990. 宁夏平原引黄灌溉的历史 [J]. 人民黄河，(4)：69-72.

路京选，关志华，1992. 有效田间灌水质量指标体系初探 [J]. 自然资源学报，7 (1)：1-9.

路京选，刘僧仁，惠士博，等，1989. 地面灌溉节水技术研究——沟灌水流运动的数值模拟及其应用 [J]. 自然资源学报，4 (4)：330-343.

吕雯，汪有科，许晓平，2007. 秸秆覆盖畦田灌溉水流特性及灌水质量分析 [J]. 水土保持研究，14 (2)：236-238.

马娟娟，孙西欢，李占斌，2005. 蓄水坑灌条件下变水头作用的垂直一维土壤入渗参数实验研究 [J]. 农业工程学报，21 (S1)：38-41.

马孝义，等，1999. 北方旱区旱作物地面灌水技术 [M]. 北京：海潮出版社.

马忠明，连彩云，张立勤，2012. 垄作沟灌栽培对土壤水热效应和春小麦产量的影响 [J]. 灌溉排水学报，31 (1)：120-123.

马忠明，连彩云，张立勤，2012. 绿洲灌区垄作沟灌栽培对春小麦生长和产量的影响 [J]. 麦类作物学报，32 (2)：315-319.

门旗，米孟恩，陈祖森，1996. 膜孔灌溉评价方法的研究 [J]. 灌溉排水，15 (1)：29-33.

聂卫波，马孝义，王述礼，2009. 沟灌入渗湿润体运移距离预测模型 [J]. 农业工程学报，25 (5)：20-25.

聂卫波，马孝义，康银红，2007. 基于畦灌水流推进过程推求田面平均糙率的简化解析模型 [J]. 应用基础与工程科学学报，15 (4)：489-495.

聂卫波，马孝义，王述礼，2009. 沟灌土壤水分运动数值模拟与入渗模型 [J]. 水科学进展，20 (5)：668-676.

聂卫波，2009. 畦沟灌溉水流运动模型与数值模拟研究 [D]. 杨凌：西北农林科技大学.

潘英华，康绍忠，2000. 交替隔沟灌溉水分入渗规律及其对作物水分利用的影响 [J]. 农业工程学报，(1)：39-43.

彭永欣，郭文善，严大零，等，1992. 小麦栽培与生理 [M]. 南京：东南大学出版社：1-21.

秦耀东，2003. 土壤物理学 [M]. 北京：高等教育出版社.

邵博，康清华，张陆海，2011. 甘肃河西灌区垄作沟灌机械化节水种植技术对比试验 [J].
农业机械，(15)：42-43.

邵明安，王全九，黄明斌，2006. 土壤物理学 [M]. 北京：高等教育出版社.

沈昌蒲，尹嘉峰，1995. 国内外研究垄作区田的情况 [J]. 水土保持科技情报，(2)：
62-65.

沈强云，樊明，党根友，等，2012. 宁夏灌区春小麦新品种及肥密栽培技术研究 [J]. 农
业科学研究，33 (4)：1-6，26.

施垌林，郭忠，贾生海，2003. 节水灌溉技术 [M]. 兰州：甘肃民族出版社.

施炯林，2007. 节水灌溉新技术 [M]. 兰州：中国民族出版社.

石生新，1992. 高强度人工降雨条件下影响入渗数率因素的试验研究 [J]. 水土保持通报，
12 (2)：49-54.

石新生，1996. 波涌灌溉理论与技术发展综述 [J]. 山西水利科技，111 (2)：57-59.

史海滨，田军仓，刘庆华，2006. 灌溉排水工程学 [M]. 北京：中国水利水电出版社，
47-96.

史学斌，马孝义，党恩魁，等，2005. 地面灌溉水流运动数值模拟研究述评 [J]. 干旱地
区农业研究，23 (6)：187-193.

史学斌，马孝义，2005. 关中西部畦灌优化灌水技术要素组合的初步研究 [J]. 灌溉排水，
24 (2)：30-43.

史学斌，2005. 畦灌水流运动数值模拟与关中西部灌水技术指标研究 [D]. 杨凌：西北农
林科技大学.

水利部，1999. 灌溉与排水工程设计规范：GB 50288—1999 [S]. 北京：中国计划出版社.

水利部农村水利司中国灌排发展中心，2001. 农业节水探索 [M]. 北京：中国水利水电出
版社.

孙景生，康绍忠，崔文军，2005. 不同沟灌条件下土壤入渗参数的估算 [J]. 灌溉排水学
报，24 (4)：46-49.

孙克翠，张新民，金建新，等，2015. 干旱区春小麦产量对沟垄参数和灌水技术的响应
[J]. 水土保持研究，22 (6)：155-158.

孙克翠，张新民，金建新，等，2016. 干旱区春小麦灌水质量评价指标研究 [J]. 干旱地
区农业研究，34 (2)：252-257.

孙克翠，2016. 干旱区春小麦垄作沟灌灌水质量评价指标体系的研究 [D]. 兰州：甘肃农
业大学.

孙西欢，王文焰，党志良，1994. 沟灌入渗参数影响因素的试验研究 [J]. 西北农业大学
学报，22 (4)：102-106.

孙西欢，王文焰，1993. 多参数沟灌入渗模型的试验研究 [J]. 水资源与水工程学
报，(3)：46-50，56.

谭奇林，1998. 充分供水条件下的点源入渗试验研究 [D]. 西安：西安理工大学.

唐文雪，马忠明，张立勤，等，2012. 绿洲灌区垄作沟灌栽培对土壤物理性状和春小麦产
量的影响 [J]. 西北农业学报，21 (8)：84-88.

陶凯元，2010. 机械化垄作沟灌节水技术 [J]. 农业机械，(14)：68.

汪志农，林性粹，黄冠华，等，2000. 灌溉排水工程学 [M]. 北京：中国农业出版社.

汪志荣，王文焰，沈晋，等，1996. 波涌灌溉灌水方案优化设计 [J]. 西北水资源与水工

程，7（3）：1-7.

王朝霞，2010. 垄作沟灌节水技术在全国推广前景广阔 [J]. 北京农业，（12）：76.

王成志，杨培岭，陈龙，等，2008. 沟灌过程中土壤水分入渗参数与糙率的推求和验证 [J]. 农业工程学报，24（3）：43-47.

王法宏，刘世军，任昌蒲，1999. 小麦垄作栽培技术的生态生理效应 [J]. 山东农业科学，（4）：4-7.

王浩，秦大庸，王建华，等，2004. 西北内陆干旱区水资源承载能力研究 [J]. 自然资源学报，19（2）：151-159.

王静，1996. 半干旱地区春旱对春小麦生长发育的影响 [J]. 干旱区资源与环境，10（3）：56-62.

王利环，2004. 波涌沟灌条件下土壤水分入渗的研究 [D]. 太原：山西农业大学.

王全九，1999. 非饱和土壤水与溶质迁移规律研究 [D]. 西安：西安理工大学.

王述礼，聂卫波，马孝义，2007. 沟灌交汇入渗数学模型研究 [J]. 灌溉排水学报，26（6）：51-54.

王述礼，2008. 沟灌交汇入渗特性的试验研究及其数值模拟 [D]. 杨凌：西北农林科技大学.

王薇，孟杰，虎胆·吐马尔白，2008. RETC推求土壤水动力学参数的室内试验研究 [J]. 河北农业大学学报，31（1）：99-102.

王维汉，缴锡云，彭世彰，等，2007. 畦灌土壤入渗参数估算的线性回归法 [J]. 水利学报，38（4）：468-472.

王维汉，缴锡云，朱艳，等，2009. 畦灌糙率系数的变异规律及其对灌水质量的影响 [J]. 中国农学通报，25（16）：288-293.

王文娟，张新民，金建新，等，2015. 干旱区春小麦垄作沟灌技术研究 [J]. 干旱区资源与环境，29（2）：138-143.

王文娟，2014. 干旱区春小麦垄作沟灌合理技术参数的研究 [D]. 兰州：甘肃农业大学.

王文焰，汪志荣，费良军，等，2000. 波涌灌溉的灌水质量评价及计算 [J]. 水利学报，（3）：53-57.

王文焰，张江辉，丁新利，等，1999. 膜孔灌溉地表水流运动的计算机模拟 [J]. 河北工程技高等专科学校学报，（1）：1-6.

王文焰，1994. 波涌灌溉试验研究与应用 [M]. 西安：西北工业大学出版社.

王旭清，王法宏，李升东，等，2003. 垄作栽培对小麦产量和品质的影响 [J]. 山东农业科学，4（6）：15-17.

王旭清，王法宏，任德昌，等，2003. 小麦垄作栽培的田间小气候效应及对植株发育和产量的影响 [J]. 中国农业气象，24（2）：5-8.

王旭清，王法宏，2002. 小麦垄作栽培技术的肥水效应及光能利用率 [J]. 山东农业科学，（4）：3-5.

王燕，2006. 小麦-玉米一体化垄作覆盖栽培生理生态效应研究 [D]. 郑州：河南农业大学.

王智琦，马忠明，张立勤，2011. 固定道垄作沟灌适宜秸秆覆盖量及冬灌量研究 [J]. 甘肃农业科技，（7）：27-29.

王自奎，吴普特，赵西宁，等，2011. 模拟垄沟灌溉土壤水分入渗特性试验研究 [J]. 干旱地区农业研究，29（3）：24－28．

魏新平，苏永新，1997．地面灌溉理论及灌水新技术的研究现状［J］．甘肃水利水电技术，（1）：52－55．

魏义长，刘作新，康玲玲，2004．辽西淋溶褐土土壤水动力学参数的推导及验证［J］．水利学报，（3）：81－86．

吴军虎，费良军，王文焰，等，2003．根据零惯量模型推求膜孔灌溉田面综合糙率系数［J］．西安理工大学学报，19（2）：130－134．

吴军虎，费良军，王文焰，2001．膜孔灌溉田面综合糙率系数的确定［J］．灌溉排水，20（1）：32－54．

吴军虎，2000．膜孔灌溉入渗特性与技术要素试验研究［D］．西安：西安理工大学．

武敏，冯绍元，孙春燕，等，2009．北京市大兴区典型土壤水分入渗规律田间试验研究［J］．中国农业大学学报，14（4）：98－102．

夏军，2002．华北地区水循环与水资源安全：问题与挑战［J］．地理科学进展，21（6）：517－526．

徐绍辉，刘建立，2003．土壤水力性质确定方法研究进展［J］．水科学进展，14（4）：494－500．

徐首先，魏玉强，聂新山．等，1996．膜孔灌溉理论与实用技术初步研究［J］．水土保持研究，3（3）：23－30．

许迪，蔡林根，王少丽，等，2000．农业持续发展的农田水管理研究［M］．北京：中国水利水电出版社．

许迪，李益农，程先军，2002．田间节水灌溉新技术研究与应用［M］．北京：中国农业出版社．

闫庆健，李久生，2005．地面灌溉水流特性及水分利用率的数学模拟［J］．灌溉排水学报，24（2）：62－66．

杨君林，马忠明，张立勤，等，2010．河西干旱灌区春小麦垄作沟灌栽培下适宜品种筛选研究［J］．安徽农业科学，38（3）：1182－1184．

杨玫，周青云，2003．夹马口灌区畦灌灌水质量评价［J］．山西水利，32（1）：45－46．

杨泽粟，2013．半干旱雨养春小麦光合作用气孔和非气孔限制分析［C］．中国气象学会．创新驱动发展提高气象灾害防御能力——S18第四届研究生年会．北京：中国气象学会．

姚素梅，康跃虎，刘海军，2009．喷灌条件下冬小麦灌浆期叶水势日变化及其影响因子研究［J］．干旱地区农业研究，27（4）：1－6．

姚贤良，程云生，1986．土壤物理学［M］．北京：农业出版社．

余泽高，王华，2001．小麦经济产量与生物产量相关性的初步研究［J］．湖南农学院学报，21（1）：5－7．

张芳，2009．中国古代灌溉工程史［M］．太原：山西教育出版社．

张吉孝，张新民，单鱼洋，等，2014．春小麦垄沟灌土壤水分入渗数值模拟［J］．干旱区资环与环境，28（4）．

张吉孝，张新民，金建新，等，2013．用HYDRUS－2D和RETC数值模型反推土壤水力参数的特点分析［J］．甘肃农业大学学报，48（5）．

张吉孝，张新民，单于洋，等，2014．春小麦垄沟灌土壤水分入渗数值模拟［J］．干旱区资源与环境，（6）：165－170．

张吉孝，张新民，金建新，等，2013. 用 HYDRUS‐2D 和 RET 数值模型反推土壤水力参数的特点分析 [J]. 甘肃农业大学学报，(5)：161‐166.

张吉孝，2013. 干旱区春小麦垄作沟灌入渗试验研究及数值模拟 [D]. 兰州：甘肃农业大学.

张满堂，古汉虎，彭佩钦，1992. 平原湖区潜育化土壤水稻垄作不同垄沟规格的研究 [J]. 江西农业科技，(4)：4‐6.

张民服，1990. 河南古代农田水利灌溉事业 [J]. 郑州大学学报（哲学社会科学版），(05)：25‐29.

张蔚臻，1996. 地下水与土壤水动力学 [M]. 北京：中国水利水电出版社.

张新民，刘佳莉，金彦兆，等，2004. 近 30 年甘肃省农业需水预测与节水高效农业建设途径 [J]. 干旱地区农业研究，22 (4)：143‐148.

张新民，刘佳莉，王以兵，等，2005. 石羊河红崖山灌区节水灌溉模式优化 [C]. 干旱内陆河区水资源可持续利用和植被水文沙漠的相互作用国际学术研讨会论文集. 北京：清华大学出版社：434‐443.

张新民，孙克翠，高雅玉，等，2018. 春小麦垄作沟灌灌水质量评价指标的改进与应用 [J]. 干旱地区农业研究，36 (3)：39‐43，65.

张新民，王根绪，胡想全，等，2005. 用畦灌试验资料推求土壤入渗参数的非线性回归法 [J]. 水利学报，36 (1)：28‐34.

张新民，张吉孝，单鱼洋，2014. 垄作沟灌水分入渗模拟与灌水沟断面优化 [J]. 水土保持研究，21 (1)：137‐141.

张新民，张吉孝，单于洋，2014. 考虑水分再分布的沟灌水分入渗模拟与春小麦垄作沟灌合理垄宽 [J]. 干旱地区农业研究，32 (2)：201‐205，227.

张新燕，蔡焕杰，王健，2005. 沟灌二维入渗影响因素实验研究 [J]. 农业工程学报，21 (9)：38‐41.

张新燕，2005. 覆膜侧渗沟灌及节水机理研究 [D]. 杨凌：西北农林科技大学.

张永久，2006. 河西绿洲灌区春小麦垄作栽培产量效应及其影响机制的研究 [D]. 兰州：甘肃农业大学.

张勇勇，2013. 垄沟灌溉土壤水分入渗模拟研究 [D]. 北京：中国科学院研究生院（教育部水土保持与生态环境研究中心）.

张宇辉，苏红珠，2001. 历史时期的汾河水利及其水文变迁 [J]. 山西水利，(5)：44‐45.

张振华，潘英华，蔡焕杰，等，2006. Green‐Ampt 模型入渗率显式近似解研究 [J]. 农业系统科学与综合研究，22 (4)：308‐311.

张中锋，2012. 垄作沟灌分层施肥麦类播种机的研究设计 [J]. 农机科技推广，(10)：53‐54.

章少辉，许迪，李益农，等，2007. 基于 SGA 和 SRFR 的畦灌入渗参数与糙率系数优化反演模型Ⅱ——模型应用 [J]. 水利学报，(4)：402‐408.

赵勇刚，赵世伟，曹丽花，等，2008. 半干旱典型草原区退耕地土壤结构特征及其对入渗的影响 [J]. 农业工程学报，24 (6)：14‐20.

郑健，胡笑涛，蔡焕杰，等，2007. 局部控制地下浸润灌溉土壤入渗特性研究 [J]. 西北农林科技大学学报，35 (3)：227‐232.

中国科学院南京土壤研究所土壤物理研究室，1978. 土壤物理性质测定法 [M]. 北京：科学出版社.

周国逸，潘淮俦，1990. 林地土壤的降雨入渗规律 [J]. 水土保持学报，(2)：79 - 84.

朱良君，张光辉，任宗萍，2012. 4 种土壤入渗测定方法的比较 [J]. 水土保持通报，32 (6)：163 - 167.

朱霞，缴锡云，王维汉，等，2008. 微地形及沟断而形状变异性对沟灌性能影响的试验研究 [J]. 灌溉水学报，27 (1)：1 - 4.

朱艳，缴锡云，王维汉，等，2009. 畦灌土壤入渗参数的空间变异性及其对灌水质量的影响 [J]. 灌溉排水学报，28 (3)：46 - 49.

邹朝望，薛绪掌，张仁铎，2006. 基于两组负水头入渗数据推求 Brooks - Corey 模型中的参数 [J]. 农业工程学报，22 (8)：1 - 6.

Alazba A A，1997. Design procedure for border irrigation [J]. Irrg. Sci.，(18)：33 - 43.

Bassett D L，Fitzsimmons D W，1976. Simulation over land flow in border irrigation [J]. Trans. ASAE.，19 (4)：674 - 680.

Bassett D L，1972. Mathematical model of water advance in border irrigation [J]. Trans. ASAE.，15 (5)：992 - 995.

Bautista E，Clemmens A J，Strelkoff T S，et al，2009. Analysis of surface irrigation systems with Win SRFR - Example application [J]. Agricultural Water Management，96 (7)：1162 - 1169.

Bohe K，Roth C，Leiy F J，et al，1993. Rapid Method for Estimating the Unsaturated Hydraulic Conductivity From Infiltration Measurements [J]. Soil Science，155 (4)：237 - 244.

Brooks R H，Corey A T，1964. Hydraulic Properties of Porous Media [M]. Fort Collins：Colorado State University.

Bruce R R，Klute A，1956. The measurement of soil moisture diffusivity [J]. Soil Science society of America Proceedings，20 (4)：458 - 462.

Bumrws W C，1963. Characterization of soil temperature distribution from various tillage induced microreliefs [J]. Soil Science Society of America Proceeding，27 (3)：350 - 353.

Chen C L，1970. Surface irrigation using Kinematics - Wave method [J]. Journal of Irrig. and Drain. Eng. ASCE.，96 (1)：39 - 46.

Childs E C，Collis - George N，1950. The Permeability of Porous Materials [J]. Proceedings the Royal of Society，201 (1066)：392 - 405.

Elliott F E，Walker W R，Skogerboe G V，1982. Zero - inertia modeling of furrow irrigation advance [J]. Journal of Irrig. and Drain. Eng. ASCE.，108 (3)：179 - 195.

Fariborz A，Mohammad S，Jan F，2003. Evaluation of various surface irrigation numerical simulation models [J]. Journal of Irrig. and Drain. Eng. ASCE.，129 (3)：208 - 213.

Fok Y S，Bishop A A，1965. Analysis of water advances in surface irrigation [J]. Irrig. and Drain. Div. ASCE.，91 (1)：99 - 117.

Fok Y S，1986. Derivation of Lewis - Kostiakov intake equation [J]. Journal of Irrig. and Drain. Eng. ASCE.，112 (2)：164 - 171.

Gardner W R，1956. Calculation of capillary conductivity from pressure plate outflow data [J]. Soil Science society of America Journal，20 (3)：317 - 320.

Gardner W R, 1970. Field measurement of soil water diffusivity [J]. Soil Science of America Proceedings, 34 (5): 832 – 833.

Gardner W R, 1958. Some steady – state solutions of the unsaturated moisture flow equation with application to evaporation from a water table [J]. Soil Science, 85 (4): 228 – 232.

Green R E, Ampt G A, 1911. Studies on soil physics, flow of air and water through soils [J]. Agric. Sci. , 76 (4): 1 – 24.

Hall W A, 1956. Estimating irrigation border flow [J]. Agric. Eng. , 37 (4): 267 – 272.

Helalia A M, 1993. The relation between soil infiltration and effective porosity in different soil [J]. Agric. Water Manage. , 24: 39 – 47.

Hillel D, 1980. Fundamentals of Soil Physics [M]. New York: Academic Press.

Holtan H N, 1961. A concept for infiltration estimates in watershed engineering [J]. Dept. Agric. Res. Service, 39 (30): 41 – 51.

Holzapfel E A, Leiva C, Mariño M A, et al, 2010. Furrow irrigation management and design criteria using efficiency parameters and simulation models [J]. Chilean Journal of Agricultural Research, 70 (2): 287 – 296.

Holzapfel E A, 1985. Performance irrigation Parameters and their relation ship to surface irrigation designs variables and yield [J]. Agric. Water Manage. , 10 (2): 159 – 174.

Horton R E, 1940. An approach to ward a physical interpretation of infiltration – capacity [J]. Soil Sci. Soc. AM. J, 5 (3): 399 – 417.

Kanya L, Khatri R J S, 2006. Real – time prediction of soil infiltration characteristics for the management of furrow irrigation [J]. Irrg. Sci. , (25): 33 – 43.

Katapodes N D, Strelkoff T, 1977. Hydrodynamic of border irrigation complete model [J]. Journal of Irrig. and Drain. Eng. ASCE. , 103 (3): 309 – 324.

Kincaid D C, Hccrman D F, kruse E G, 1972. Hydrodynamics of Border Irrigation [J]. Transactions of the ASAE, Vol. 15, No. IR4.

Kostiakov A N, 1932. On the dynamics of the coefficient of water percolation in sails and on the necessity of studying it from dynamic point of view for parpose of amelioration [C]. In 6th Commission, International Society of Soil Science. , Part A: 15 – 21.

Kruger W E, Bassett D L, 1965. Unsteady flow of water over a porous bed having constant infiltration [J]. Trans. ASAE. , 8 (1): 60 – 62.

Lal R, 1990. Ridge 2 tillgae [J]. soil &. Tillgae Research, 18: 107 – 111.

Levien S L A, Souza F, 1987. Algebraic computation of flow in furrow irrigation [J]. Journal of Irrig. and Drain. Eng. ASCE. , 113 (3): 367 – 377.

Lewis M R, Milne W E, 1938. Analysis of border irrigation [J]. Agric. Eng. , 19: 267 – 272.

Lu Z, Li H, Liu X, et al, 2016. Influence of soil electric field on water movement in soil [J]. Soil and Tillage Research, 155: 263 – 270.

Lzuno F T, Podmore T H, 1984. Kinematic wave model for surge irrigation research in furrows [J]. Trans. ASAE. , 27 (4): 1145 – 1150.

Maheshwari B L, 1990. Sensitivity analysis of parameters of border irrigating models [J]. Agric. Water Manage. , 18 (1): 277 – 287.

Mathew G, Connel L D, Russel G M, 2000. Border Irrigation Field Experiment. I: Water Balance [J]. Journal of Irrigation and Drain Eng ASCE, 126 (2): 85 – 91.

Neuman S P, 1973. Saturated – unsaturated seepage by finite elements [J]. Journal of Hydraulic. Div. ASCE, 99 (12): 2233 – 2250.

Nikonlass D, 1977. Datopodes and Thcodor strclkoff, Dimensionless Solution of Border Irrigation Advance [J]. J. of the Irrigation and Drainage Div, ASCE, Vol. 103, No. IR4.

Nour el – Di M M, King I P, Tanji K K, 1987. Salinity management model: I development [J]. Journal of Irrig. And Drain. Eng. ASCE. , 113 (4): 440 – 453.

Oweis T Y, 1983. Surge flow irrigation hydraulics with Zero – inertia [M]. Thesented Presented to Uath State University at Logan Uath.

Oyonarte N A, Mateos L, Palomo M J, 2014. Infiltration variability in furrow irrigation [J]. Journal of Irrigation &. Drainage Engineering, 128 (1): 26 – 33.

Passioura J B, 1977. Determining soil water diffusivities from one step outflow experiments [J]. Australian Journal of Soil Research, 15 (1): 1 – 8.

Philip J R, 1957. The theory of infiltration about sorptivity and algebraic infiltration equations [J]. Soil Sci. , 84 (4): 257 – 264.

Pilar M, Emilio C, Serafin A, et al, 2001. Seasonal furrow irrigation model with genetic algorithms (OPTIMEC) [J]. Agricultural Water Management, 52 (1): 1 – 16.

Raghuwanshi N S, Wallender W W, 1998. Optimization of furrow irrigation schedules, designs and netreturn to water [J]. Agric. Water Manage. , 35 (3): 209 – 226.

Rasoulzadeh A, Sepaskhah A R, 2003. Scaled infiltration equations for furrow irrigation [J]. Biosystems Engineering. , 83 (6): 375 – 383.

Rawls W J, Brakensiek D L, Elliot W J, et al, 1990. Prediction of furrow irrigation final infiltration rate [J]. Trans. ASAE. , 33 (5): 1601 – 1604.

Rayej M, Wallender W W, 1988. Time solution of Kinematics – wave model with stochastic infiltration [J]. Journal of Irrig. And Drain. Eng. ASCE. , 114 (4): 605 – 621.

Reddy J M, Singh V P, 1994. Modeling and error analysis of Kinematics – wave equations of furrow irrigation [J]. Irrigation Science. , 15 (2): 113 – 121. 　.

Richards L A, 1931. Capillary conduction of liquids in porous mediums [J]. Physics. , 1 (5): 318 – 333.

Russo D, 1988. Determining soil hydraulic properties by parameter estimation: On the selection of a model for the hydraulic properties [J]. Water Resources Research, 24 (3): 453 – 459.

Santos F L, 1996. Evaluation and adoption of irrigation technologies. I. Management – design curves for furrow and level basin systems [J]. Agricultural Systems, 52 (2 – 3): 317 – 329.

Schmitz G H, Gunther J S, 1990. Analytical model of level basin irrigation [J]. Journal of Irrig. and Drain. Eng. ASCE. , 115 (1): 78 – 95.

Schmitz G H, Gunther J S, 1990. Mathematical Zero – Inertia modeling of surface irrigation: Advanced in Borders [J]. Journal of Irrig. and Drain. Eng. ASCE. , 116 (5): 603 – 615.

Schwankl L J, Raghuwanshi N S, Wallender W W, 2000. Furrow irrigation performance under spatially varying conditions [J]. Journal of Irrigation & Drainage Engineering, 126 (6): 355 – 361.

Schwankl L J, Wallender W W, 1988. Zero Inertia furrow modeling with variable infiltration and hydraulic characteristics [J]. Trans. ASAE. , 31 (5): 1470 – 1475.

Sepaskhah A R, Afshar – Chamanabad H, 2002. Determination of infiltration rate for every – other furrow irrigation [J]. Biosystems Engineering, 82 (4): 479 – 484.

Shayya W H, 1993. Kimematic – wave furrow irrigation analysis: a finite element approach [J]. Trans. ASAE. , 36 (6): 1733 – 1742.

Sherman B, Singh V P, 1978. A Kinematics model for surface irrigation [J]. Water Resour. Res. , 14 (2): 357 – 367.

Sherman B, Singh V P, 1982. A Kinematics model for surface irrigation: an extension [J]. Water Resour. Res. , 18 (3): 659 – 667.

Sherman B, Singh V P, 1978. A Kinematics model for surface irrigation [J]. Water Resour. Res. , 14 (2): 357 – 367.

Šimůnek J, Šejna M, M Th van Genuchten, 1999. HYDRUS – 2D Simulating water flow, heat, and solute transport in two – dimensional variably saturated media (version 2) [M]. California: International Ground Water Modeling Center.

Singh V and Murty S B, 1996. Complete hydrodynamic border – strip irrigation model [J]. Journal of Irrig and Drain. Eng, ASCE, 122 (4): 189 – 197.

Singh V, Murty S B, 1996. Complete Hydrodynamic Border – Strip Irrigation Model [J]. Journal of Irrig. And Drain. Eng. ASCE, , 122 (4): 189 – 197.

Smith R E, Parlange J Y, 1972. The infiltration envelope results from a theoretical infiltrometer [J]. Journal of Hydrology, 17 (1): 1 – 21.

Smith R E, 1972. Border irrigation advance and ephemeral flood waves [J]. Journal of Irrig. and Drain. Eng. ASCE. , 98 (2): 289 – 305.

Souza F, 1981. Nonlinear hydrodynamic model of furrow irrigation [D]. Thesis presented to the University of California, at Davus, Calif. , in partial fulfillment of the requirements for the degree of Doctor Philosophy.

Strelkoff T and Katapodes N D, 1997. Border irrigation hydraulics using zero inertia [J]. Journal of Irrigation and Drain Eng, ASCE, 103 (3), 325 – 342.

Tabuada M A, Rego Z J C, Vachaud G, et al, 1995. Modelling of furrow irrigation. Advance with two dimensional infiltration [J]. Agricultural Water Management, 28 (3): 201 – 221.

Trout T J, 1992. Flow velocity and wetted perimeter effects on furrow infiltration [J]. Trans. ASAE. , 35 (3): 855 – 863.

Valiantzas J D, 2000. Surface water storage independent equation for predicting furrow irrigation advance [J]. Irrg. Sci. , (19): 115 – 123.

Van Genuchten M Th, Leij F J, et al, 1999. The RETC Code for quantifying the hydraulic functions of unsaturated soils [M]. California: U. S. Salinity Laboratory: 4 – 41.

van Genuchten M Th, 1980. A closed – form equation for predicting the hydraulic conductivity of unsaturated soils [J]. Soil Science Society of America Journal, 44 (5): 892 – 898.

Vogel T, Hopmans J W, 1992. Two – dimensional analysis of furrow infiltration [J]. Journal of

参 考 文 献

Irrig. And Drain. Eng. ASCE. , 118 (5): 791 – 806.

Walker W R, Skogerboe G V, 1968. Surface irrigation: Theory and practice [M]. New Jersey: Prentice – Hall Inc.

Wallender W W, Reyej M, 1984. Zero – inertia Surge Model with Wet dry Advance [C]. Thesis Presented at 1984 Winter Meeting ASAE Pape.

Watson K K, 1966. An instaneous profile method for determing the hydraulic conductivity of unsaturated porous materials [J]. Water Resources Research, 2 (4): 709 – 715.

Youngs E G, 1964. An infiltration method of measuring the hydraulic conductivity of unsaturated porous materials [J]. Soil Science, 97 (5): 307 – 311.

图 5.2　大田试验垄沟布置图

图 5.3　春小麦拔节期长势图

图 8.1　垄作沟灌春小麦灌浆期灌水试验图

图 8.2　垄作沟灌春小麦灌浆期长势图

图 8.3　春小麦黄熟期图